Wissenschaftliche Taschenbücher WTB

Mathematik · Physik

Dieter König · Dietrich Stoyan

Methoden der Bedienungstheorie

Akademie-Verlag · Berlin

WTB Wissenschaftliche Taschenbücher

GÜNTHER WAGNER / HANS KÜHMSTEDT
Pharmazeutische Chemie

ROLF SCHÖLLNER
Die Oxydation organischer Verbindungen mit Sauerstoff

ULRICH BEHRENS / MANFRED RINGPFEIL
Mikrobielle Polysaccharide

MARTIN FINKE / WALTER LEIPNITZ
Moderne Methoden der Erdölanalyse

ERICH GUNDERMANN
Chemie und Technologie des Braunkohlenteers

GERHARD KEMPTER
Struktur und Synthese von Vitaminen

FRIEDRICH JACOB
Bewegungsphysiologie der Pflanzen

HELLMUTH GÄBLER
Forstschutz

ALFRED PALISSA
Bodenzoologie in Wissenschaft, Naturhaushalt und Wirtschaft

LUDWIG SPANNHOF
Zellen und Gewebe der Tiere

JOACHIM RIEMER
Quantitative organische Mikroanalyse

ALFRED FRIESER
Mikrowellenmeßtechnik

HANS-WERNER NOLTE
Pflanzenschutz in der Landwirtschaft

WERNER HABERDITZL
Magnetochemie

HARRY PAUL
Lasertheorie, Teil I und II

D. TER HAAR
Quantentheorie

J. H. SANDERS
Die Lichtgeschwindigkeit

JEAN KUNTZMANN
Unendliche Reihen

JEAN KUNTZMANN
Systeme von Differentialgleichungen

JEAN KUNTZMANN
Komplexe Veränderliche

FERDINAND CAP
Einführung in die Plasmaphysik
I. Theoretische Grundlagen

FERDINAND CAP
Einführung in die Plasmaphysik
II. Wellen und Instabilitäten

FERDINAND CAP
Einführung in die Plasmaphysik
III. Magnetohydrodynamik

J. A. ROSANOW
Wahrscheinlichkeitstheorie

HARRY PFEIFER
Theorie linearer Bauelemente
Elektronik für den Physiker I

HARRY PFEIFER
Die Elektronenröhre
Elektronik für den Physiker II

HARRY PFEIFER
Schaltungen mit Elektronenröhren
Elektronik für den Physiker III

HARRY PFEIFER
Leitungen und Antennen
Elektronik für den Physiker IV

HARRY PFEIFER
Mikrowellenelektronik
Elektronik für den Physiker V

HARRY PFEIFER
Halbleiterelektronik
Elektronik für den Physiker VI

STEPHEN G. BRUSH
Kinetische Theorie, Teil I und II

EBERHARD HOFMANN
Eiweiße und Nucleinsäuren als biologische Makromoleküle
Dynamische Biochemie, Teil I

EBERHARD HOFMANN
Enzyme und energieliefernde Stoffwechselreaktionen
Dynamische Biochemie, Teil II

EBERHARD HOFMANN
Intermediärstoffwechsel
Dynamische Biochemie, Teil III

EBERHARD HOFMANN
Grundlagen der Molekularbiologie und Regulation des Zellstoffwechsels
Dynamische Biochemie, Teil IV

HERBERT GOERING
Elementare Methoden zur Lösung von Differentialgleichungsproblemen

PETER KRUMBIEGEL
Isotopieeffekte

D. M. BRINK
Kernkräfte

DIETER ONKEN
Steroide

DIETER KLAUA
Elementare Axiome der Mengenlehre
Einführung in die Allgemeine Mengenlehre I

GÜNTER TEMBROCK
Grundlagen der Tierpsychologie

J. F. VINSON
Optische Kohärenz in der klassischen Theorie und in der Quantentheorie

W. R. HINDMARSH
Atomspektren

GÜNTER TEMBROCK
Biokommunikation
Informationsübertragung im biologischen Bereich
Teil I und II

DIETER MERKEL
Riechstoffe

JOHN CUNNINGHAM
Vektoren

ERNST SCHMUTZER
Symmetrien und Erhaltungssätze der Physik

GERHARD LERCH
Pflanzenökologie

MICHAEL GÖSSEL
Angewandte Automatentheorie, Band I

MICHAEL GÖSSEL
Angewandte Automatentheorie, Band II

HEINRICH KINDLER
Der Regelkreis

A. R. KESSEL
Akustische Kernresonanz

WOLFRAM BRAUER / HANS-WALDEMAR STREITWOLF
Theoretische Grundlagen der Halbleiterphysik

HARRY PAUL
Nichtlineare Optik, Teil I und II

DIETER KLAUA
Grundbegriffe der axiomatischen Mengenlehre, Teil 1 und 2
Einführung in die Allgemeine Mengenlehre II

E. G. GOLSTEIN
Konvexe Optimierung

EBERHARD TEUSCHER
Pharmakognosie, Teil I und II

SIEGFRIED HAUPTMANN
Über den Ablauf organisch-chemischer Reaktionen

A. S. SONIN / B. A. STRUKOW
Ferroelektrizität

L. A. SKORNJAKOW
Elemente der Verbandstheorie

HANS-MARTIN BARCHET
Chemie photographischer Prozesse

R. A. R. TRICKER
Frühe Elektrodynamik

N. D. SHEWANDROW
Polarisation des Lichtes

A. A. SMIRNOW
Metallphysik

VOLKER KEMPE
Theorie stochastischer Systeme

ROLF BORSDORF / MANFRED SCHOLZ
Spektroskopische Methoden in der organischen Chemie

KLAUS ODENING
Parasitismus

WOLFGANG PAULI
Vierpoltheorie und ihre Anwendung auf elektronische Schaltungen

DIETER KLAUA
Kardinal- und Ordinalzahlen, Teil 1 und 2
Einführung in die Allgemeine Mengenlehre III

R. A. R. TRICKER
Die Beiträge von Faraday und Maxwell zur Elektrodynamik

HANS DAWCZYNSKI
Temperaturbeständige Faserstoffe aus organischen Polymeren

HANS DAWCZYNSKI
Temperaturbeständige Faserstoffe aus anorganischen Polymeren

HELMUT FRIEMEL / JOSEF BROCK
Grundlagen der Immunologie

GERALD WOLF
Neurobiologie

HORST KEHLEN / FRANK KUSCHEL / HORST SACKMANN
Grundlagen der chemischen Kinetik

HANS BERGNER
Tierernährung

ULRICH SEDLAG
Biologische Schädlingsbekämpfung

MARTIN SCHMIDT
Pflanzenschutz im Gartenbau

WOLFGANG WAGNER
Chemische Thermodynamik

HANNELORE FISCHER / JOACHIM PIEHLER
Modellsysteme der Operationsforschung

ALBERT EINSTEIN
Grundzüge der Relativitätstheorie

ALBERT EINSTEIN
Über die spezielle und die allgemeine Relativitätstheorie

MICHAEL GÖSSEL
Wahrscheinlichkeitsautomaten und Zufallsfolgen

HANS-JÜRGEN TREDER
Elementare Kosmologie

PETER PAUFLER / DIETER LEUSCHNER
Kristallographische Grundbegriffe der Festkörperphysik

PAUL HOFFMANN
Photosynthese

WOLFGANG MEILING
Kernphysikalische Elektronik

WERNER DÖPKE
Stereochemie organischer Verbindungen

SIEGFRIED BREHMER
Einführung in die Maßtheorie

ULRICH RÖSEBERG
Determinismus und Physik

J. S. SHELUDEW
Elektrische Kristalle

DIETRICH BENDER / ERNST-EGON PIPPIG
Einheiten — Maßsysteme — SI

DIETER KÖNIG / DIETRICH STOYAN
Methoden der Bedienungstheorie

Vorschau auf die nächsten Bände:

HARRY PFEIFER
Schaltungen mit Transistoren
Elektronik für den Physiker VII

VOLKER KEMPE
Analyse stochastischer Systeme, Teil 1

WOLFGANG SCHÄFER
Theoretische Grundlagen der Stabilität technischer Systeme

REGINE WITKOWSKI / FALKO H. HERRMANN
Einführung in die klinische Genetik

WTB

BAND 143

Dieter König · Dietrich Stoyan

Methoden der Bedienungstheorie

Mit 10 Abbildungen und 5 Tabellen

AKADEMIE-VERLAG · BERLIN

Reihe MATHEMATIK UND PHYSIK

Verfasser:
Prof. Dr. sc. D. König und Dr. sc. D. Stoyan
Bergakademie Freiberg

1976

Lizenznummer: 202 · 100/415/76
Herstellung: VEB Druckhaus „Maxim Gorki“, 74 Altenburg
Bestellnummer: 762 2077 · LSV 1075
Printed in GDR
EVP 8,–

Vorwort

Die Bedienungstheorie besteht in mathematischen Untersuchungen von Systemen, bei denen in zufälligen Zeitpunkten Forderungen auftreten (von außen oder innerhalb des Systems), die durch einen Bedienungsapparat des Systems eine Bedienung i. a. zufälliger Länge verlangen.

Der jeweilige Charakter der Forderungen und der Bedienungen hängt von der konkreten Art des Systems ab. Fassen wir z. B. Ausfälle von Bauelementen bzw. von Maschinen als Forderungen nach Ersatz bzw. Reparatur auf und deuten letztere als Bedienung, so können auch zahlreiche Zuverlässigkeitsprobleme mit bedienungstheoretischen Methoden behandelt werden. Überhaupt sind erstaunlich viele Aufgaben aus sehr unterschiedlichen Gebieten der Naturwissenschaft, Technik, Volkswirtschaft usw. durch die Bedienungstheorie erfaßbar und lösbar. Als Beispiele solcher Gebiete seien genannt: die Biologie, verschiedene technische Disziplinen, insbesondere Nachrichtentechnik, Rechentechnik, Meß-, Steuer- und Regelungs-, Förder- und Energietechnik, die Betriebs-, Handels- und Volkswirtschaftsorganisation, das Transport-, Verkehrs-, Gesundheits- und Militärwesen usw. Ständig erschließen sich neue Anwendungsbereiche der nunmehr über 50 Jahre alten und sich ständig weiter entwickelnden Bedienungstheorie.

Es ist daher unser Anliegen, einem breiten Kreis von Lesern wesentliche Methoden der Bedienungstheorie für die Anwendung geeignet darzulegen. Dabei ist es unser Ziel, den Leser zu befähigen, selbständig praktisch auftretende, eventuell in der Literatur nicht behandelte Modelle durchzurechnen.

Daher steht die Beschreibung der mathematischen Methoden, der Voraussetzungen für ihre Anwendbarkeit und der mit ihnen erreichbaren Ergebnisse eindeutig im Vordergrund. Weniger werden mathematische Ausführlichkeiten und Feinheiten geboten, und auch spezielle Modelle werden nicht sehr ausführlich diskutiert. Hierzu sei auf die zitierte Literatur, insbesondere auf die „Einführung in die Bedienungstheorie" von GNEDENKO und KOWALENKO, verwiesen.

Wir legen sowohl altbewährte, nun schon klassische Methoden der Bedienungstheorie als auch einige neuere, insbesondere auch mit unserer eigenen Forschungstätigkeit verbundene Verfahren dar. Besonderen Wert haben wir auf praktikable Näherungsverfahren, Näherungsformeln und Abschätzungen sowie auf die Monte-Carlo-Methode gelegt, da wir durch eigene Erfahrungen wissen, wie relativ selten es bei konkreten größeren Aufgaben der Praxis gelingt, sie streng analytisch zu bewältigen.

In 1.5 geben wir eine Methodenübersicht mit einer „Methodentabelle" zur unmittelbaren ersten Orientierung dafür an, unter welchen Voraussetzungen welche Methoden in Frage kommen.

Nicht berücksichtigt haben wir z. B. die funktionentheoretischen und kombinatorischen Methoden der Bedienungstheorie; diesbezüglich verweisen wir auf die Bücher [13, 32, 68, 81, 92].

Auch erwiesen sich manche der hier aufgenommenen Methoden für unseren Zweck in einer allgemeinen Darstellung als sehr spröde, so daß wir auf eine derartige Darlegung verzichteten und sie nach einigen allgemeinen Bemerkungen an Hand von Beispielen schildern.

Für jede Methode werden ein oder mehrere Beispiele ausführlich vorgeführt. Durch die Vielzahl von Beispielen sind wesentliche Modellklassen repräsentativ erfaßt. Derjenige Leser, der sich vorrangig für die Kenngrößen eines bestimmten Bedienungssystems interessiert und weniger für die Methoden, findet am Schluß des Bandes eine Übersicht über die als Beispiele behandelten Modelle.

Die Mehrzahl der angegebenen Methoden gibt gleichfalls das Handwerkszeug zur Lösung wichtiger Aufgaben der Zuverlässigkeitstheorie.

Die Bedienungstheorie basiert auf der Wahrscheinlichkeitstheorie, so daß es gut wäre, wenn der Leser elementare Kenntnisse hierüber besitzt. In Kap. 1 haben wir aber nicht nur Grundbegriffe von Bedienungssystemen dargelegt, sondern auch an einige für die Bedienungstheorie unerläßliche Begriffe und Formeln der Wahrscheinlichkeitstheorie, einschließlich homogener MARKOWscher Prozesse, erinnert.

Damit entspricht dieser Band im Grundaufbau (Wahrscheinlichkeitstheorie, stochastische Prozesse, Methoden der Bedienungstheorie) den Vorlesungen, die wir seit Jahren vor Mathematikstudenten der Bergakademie Freiberg, allerdings über vier Semester in der gebotenen mathematischen Strenge und Ausführlichkeit, halten. Wir haben hier versucht, einen unmittelbar anwendbaren Kern dieser Vorlesungen darzustellen.

An dieser Stelle sei allen denen gedankt, die uns bei der Anfertigung des Manuskriptes unterstützt haben, wozu in erster Linie unsere Mitarbeiter am Lehrstuhl Stochastische Modelle der Sektion Mathematik der Bergakademie Freiberg gehören. Fräulein ROBAKOWSKI danken wir für ihre sorgfältige und aufopferungsvolle Arbeit beim Schreiben des Manuskriptes. Dem Akademie-Verlag und namentlich Frau HELLE gebührt ebenfalls unser besonderer Dank.

Freiberg, Dezember 1975 Die Verfasser

Inhaltsverzeichnis

1. Grundbegriffe

1.0. Die Grundaufgabe der Bedienungstheorie

Bedienungssysteme (*Bedienungsmodelle*) sind *mathematische Modelle* von Systemen, die der Bedienung von in zufälligen Abständen auftretenden Forderungen dienen, wobei die Bedienungszeiten i. a. ebenfalls zufällig sind. Als Beispiele für *Forderungen* nennen wir Forderungen auf Vermittlung oder Durchführung von Telefongesprächen, auf Passieren von Straßenkreuzungen, auf ärztliche Behandlung und auf Reparatur ausgefallener Maschinen. Das Verhalten von Bedienungssystemen hängt außer von ihrer Struktur (vgl. 1.4) im wesentlichen von den Eigenschaften der Folge der zufälligen Ankunftszeitpunkte, kurz: Forderungenstrom, und der Folgen der auf den einzelnen Bedienungsapparaten ablaufenden Bedienungen zufälliger Länge ab. Die wahrscheinlichkeitstheoretische Beschreibung dieser beiden hauptsächlichen Zufallseinflüsse von Bedienungssystemen ist in 1.1 und 1.3 enthalten. Der Zustand von Bedienungssystemen — es gibt verschiedene Möglichkeiten, ihn mathematisch zu erfassen — ist i. a. zeitlich veränderlich und zufallsabhängig. Zur mathematischen Behandlung von Bedienungssystemen wurden deshalb geeignete und z. T. recht komplizierte Methoden entwickelt, von denen hier ein großer Teil beschrieben wird. Dabei beschränken wir uns auf solche Methoden, die zur Lösung der folgenden Grundaufgabe dienen.

Gegeben: *Ein Bedienungssystem von bestimmtem Typ und die statistische Struktur der Folgen von Forderungen und der Folgen von Bedienungen.* Darunter verstehen wir z. B. Unabhängigkeitsvoraussetzungen über die zufälligen

Abstände zwischen den Forderungen und die Dauern der Bedienungen sowie die Angabe ihrer Verteilungen.

Gesucht: *Das System insgesamt charakterisierende Größen*, z. B. *stationäre oder zeitabhängige Wahrscheinlichkeiten* bestimmter Ereignisse (daß sämtliche Bedienungsapparate belegt sind, daß eine Forderung verlorengeht oder warten muß usw.) oder

Verteilungsgesetze oder Verteilungsfunktionen diskreter oder kontinuierlicher, das System insgesamt charakterisierender Zufallsgrößen (wie der zufälligen Anzahl der Forderungen im System oder der zufälligen Wartezeit einer beliebigen Forderung) oder

Erwartungswerte (beispielsweise der Anzahl der Forderungen im System oder der zufälligen Wartezeit).

Auf der Grundlage der so bestimmten Systemkenngrößen ist auch die Behandlung weiterer Aufgaben möglich, z. B. die Wahl der Systemstruktur oder der statistischen Struktur der Folgen von Forderungen und der Folgen von Bedienungen in einem das System insgesamt als optimal charakterisierenden Sinne.

Ähnliche Aufgaben ergeben sich bei der Behandlung von Problemen der Zuverlässigkeitstheorie, so daß hierfür viele der behandelten Methoden ebenfalls anwendbar sind.

1.1. Einige Grundbegriffe aus der Wahrscheinlichkeitstheorie

Zur Charakterisierung von Bedienungssystemen und zur Lösung der Grundaufgabe benötigen wir Hilfsmittel aus der Wahrscheinlichkeitstheorie. Hier sollen kurz einige Grundbegriffe angeführt werden; für weitergehende Fragen sei auf die einschlägige Literatur verwiesen (z. B. [22, 31, 71]).

1.1.1. *Verteilungen reeller Zufallsgrößen*

Die in der Bedienungstheorie auftretenden *Zufallsgrößen* können sowohl *diskret* als auch *stetig* sein. Beispiele für diskrete Zufallsgrößen in der Bedienungstheorie sind: die zufällige Anzahl der zu einem bestimmten Zeitpunkt im System befindlichen Forderungen, die zufällige Anzahl der auf Bedienung wartenden Forderungen, die zufällige Anzahl der in einem gegebenen Zeitintervall eintreffenden oder abgehenden Forderungen.

Stetige Zufallsgrößen können z. B. die zufällige Dauer zwischen dem Auftreten zweier aufeinander folgender Forderungen im System (Pausendauer), die zufällige Dauer der Bedienung einer Forderung (Bedienungszeit) und die zufällige Wartezeit einer Forderung sein.

Daneben treten auch Zufallsgrößen auf, die weder stetig noch diskret sind, wie z. B. solche Wartezeiten, die mit positiver Wahrscheinlichkeit gleich Null sind. (Bei stetigen Zufallsgrößen ist die Wahrscheinlichkeit dafür, daß sie einen bestimmten Wert annehmen, gleich Null.)

Das *Verteilungsgesetz* $P = (P_k)_{k=0,1,2,\ldots}$ einer diskreten, nicht negativen Zufallsgröße ν wird durch die Wahrscheinlichkeiten

$$\mathcal{P}(\nu = k) = P_k, \quad k = 0, 1, 2, \ldots, \quad \sum_{k=0}^{\infty} P_k = 1,$$

dafür gegeben, daß ν den Wert k annimmt.

Der *Erwartungswert* (*Mittelwert*) einer diskreten, nicht negativen Zufallsgröße ν ist durch

$$\mathcal{E}\nu = \sum_{k=0}^{\infty} kP_k \tag{1.1.1}$$

gegeben. Die *Varianz* (*Streuung*) ist definiert durch

$$\mathcal{V}\nu = \mathcal{E}(\nu - \mathcal{E}\nu)^2 = \sum_{k=0}^{\infty} (k - \mathcal{E}\nu)^2 P_k. \tag{1.1.2}$$

Eines der wichtigsten diskreten Verteilungsgesetze in der Bedienungstheorie ist die Poisson-Verteilung.

Die Poisson-Verteilung

Eine Zufallsgröße ν heißt POISSON-verteilt mit dem Parameter $\lambda > 0$, wenn gilt

$$\mathscr{P}(\nu = k) = \frac{\lambda^k}{k!} e^{-\lambda}, \quad k = 0, 1, \ldots . \tag{1.1.3}$$

Der Erwartungswert und die Varianz der POISSON-Verteilung sind gleich λ. In vielen Büchern über Wahrscheinlichkeitsrechnung findet man Tafeln für die POISSON-Verteilung.

POISSON-verteilte Zufallsgrößen treten häufig auf, insbesondere dort, wo Anzahlen von Ereignissen beobachtet werden, die jedes für sich nur „sehr selten" eintreten, für deren Entstehen es aber „sehr viele" Möglichkeiten gibt (z. B. Forderungenankünfte in Bedienungssystemen, Ausfälle in komplizierten Systemen mit sehr vielen, nur selten ausfallenden Elementen; vgl. Grenzwertsatz von POISSON [31], § 15).

Die *Verteilung von Zufallsgrößen* ξ wird durch ihre *Verteilungsfunktion* F_ξ charakterisiert

$$F_\xi(t) = \mathscr{P}(\xi < t). \tag{1.1.4}$$

Erwartungswert und *Varianz* von ξ sind gegeben durch

$$\mathscr{E}\xi = \int_{-\infty}^{\infty} x \, \mathrm{d}F_\xi(x) = m_{F_\xi} \tag{1.1.5}$$

und

$$\mathscr{V}\xi = \int_{-\infty}^{\infty} (x - \mathscr{E}\xi)^2 \, \mathrm{d}F_\xi(x) = \sigma^2_{F_\xi}. \tag{1.1.6}$$

Oft ist es zweckmäßig, bei nicht negativen Zufallsgrößen den Erwartungswert nach

$$\mathscr{E}\xi = \int_0^{\infty} [1 - F_\xi(x)] \, \mathrm{d}x \tag{1.1.7}$$

zu berechnen.

Bei *stetigen* mit absolutstetiger Verteilungsfunktion F_ξ *Zufallsgrößen* ist F_ξ in der Form

$$F_\xi(t) = \int_{-\infty}^{t} f_\xi(x)\,\mathrm{d}x$$

angebbar, wobei die *Dichtefunktion* $f_\xi(x)$ nicht negativ ist und die Eigenschaft

$$\int_{-\infty}^{\infty} f_\xi(x)\,\mathrm{d}x = 1$$

besitzt. Hier nehmen die Beziehungen (1.1.5) und (1.1.6) die Gestalt

$$\mathscr{E}\xi = \int_{-\infty}^{\infty} x f_\xi(x)\,\mathrm{d}x = m_{F_\xi} \tag{1.1.5'}$$

und

$$\mathscr{V}\xi = \int_{-\infty}^{\infty} (x - \mathscr{E}\xi)^2 f_\xi(x)\,\mathrm{d}x = \sigma_{F_\xi} \tag{1.1.6'}$$

an.

Falls keine Verwechslung möglich ist, bezeichnen wir F_ξ bzw. f_ξ mit F bzw. f. Sehr wichtige Beispiele für Verteilungsfunktionen stetiger Zufallsgrößen in der Bedienungstheorie sind die Exponentialverteilung und die ERLANG-Verteilung.

Die Exponentialverteilung

Eine Zufallsgröße ξ besitzt eine Exponentialverteilung mit dem Parameter $\lambda > 0$ (sie ist „exponentiell verteilt"), wenn ihre Verteilungsfunktion F die Gestalt

$$\mathscr{P}(\xi < t) = F(t) = \begin{cases} 0, & t \leqq 0, \\ 1 - \mathrm{e}^{-\lambda t}, & t > 0, \end{cases} \tag{1.1.8}$$

hat. Die zugehörige Dichtefunktion ist durch

$$f(t) = \lambda \mathrm{e}^{-\lambda t}, \qquad t \geqq 0, \tag{1.1.9}$$

gegeben. Der Erwartungswert und die Varianz von ξ sind

gleich

$$\mathscr{E}\xi = \lambda^{-1}, \qquad \mathscr{V}\xi = \lambda^{-2}. \tag{1.1.10}$$

Die Exponentialverteilung hat die folgende Eigenschaft der *Gedächtnislosigkeit*, die ihr eine zentrale Stellung in der Bedienungs- und Zuverlässigkeitstheorie verschafft.

Wir betrachten ein Element, dessen Lebensdauer ξ exponentiell verteilt ist. Das Element möge sein Leben zur Zeit $t = 0$ begonnen haben (z. B. Beginn der Bedienung einer Forderung) und zur Zeit $t = \tau \geqq 0$ noch am Leben sein. Die Restlebensdauer vom Zeitpunkt $t = \tau$ an bezeichnen wir mit ξ_τ. Wie ist ξ_τ verteilt?

Die Verteilungsfunktion $F_{\xi_\tau} = F_\tau$ *von* ξ_τ *ist für alle* $\tau \geqq 0$ *gleich* F, *d. h. gleich der Verteilungsfunktion von* ξ, *die Verteilung „altert" nicht, sie hat kein Gedächtnis.*

Beweis: $F_\tau(t) = \mathscr{P}(\xi_\tau < t)$ ist gleich $\mathscr{P}(\xi < t + \tau \mid \xi > \tau)$, nämlich gleich der Wahrscheinlichkeit dafür, daß $\xi < t + \tau$ unter der Bedingung, daß das Element die Zeit $t = \tau$ überlebt, d. h. $\xi > \tau$. Nach der bekannten Formel für die bedingte Wahrscheinlichkeit gilt

$$\mathscr{P}(\xi < t + \tau \mid \xi > \tau) = \frac{\mathscr{P}\big((\xi < t + \tau) \wedge (\xi > \tau)\big)}{\mathscr{P}(\xi > \tau)}.$$

Nach Definition der Verteilungsfunktion hat man

$$\mathscr{P}(\xi > \tau) = 1 - F(\tau) = \mathrm{e}^{-\lambda t},$$

$$\mathscr{P}\big((\xi < t + \tau) \wedge (\xi > \tau)\big) = \mathscr{P}(\tau < \xi < t + \tau)$$

$$= F(t + \tau) - F(\tau) = \mathrm{e}^{-\lambda t} - \mathrm{e}^{-\lambda(t+\tau)}.$$

Also ergibt sich

$$F_\tau(t) = \frac{\mathrm{e}^{-\lambda\tau} - \mathrm{e}^{-\lambda(t+\tau)}}{\mathrm{e}^{-\lambda\tau}} = 1 - \mathrm{e}^{-\lambda t} = F(t). \tag{1.1.11}$$

Eine wichtige und weitreichende Konsequenz der Gleichung (1.1.11) ist: Wenn irgendeine Verteilungsfunktion, die das Verhalten eines Elementes eines Bedienungssystems beschreibt, eine Exponentialverteilung ist, so braucht bei der Beschreibung des Zustandes des Systems zur Zeit t bezüglich dieses Elementes nur angegeben zu werden, ob das Element zur Zeit t aktiv ist oder nicht, d. h. ob die exponentiell verteilte Größe „lebt“ oder nicht (ob z. B. ein Bedienungsapparat arbeitet oder nicht, ob eine Störung vorliegt oder nicht). Die *Restlebensdauer ist* unabhängig vom Geschehen vor t, *stets exponentiell verteilt mit demselben Parameter wie die „frische“ Lebensdauer.* Das bildet die Grundlage für die Anwendung homogener MARKOWscher Ketten in der Bedienungstheorie (vgl. Kap. 2).

Die Wahrscheinlichkeit dafür, daß ein Element, das bis zur Zeit t gelebt hat, im Zeitintervall $[t, t + \Delta t]$ „stirbt“, ist gleich

$$1 - e^{-\lambda \Delta t} = \lambda \Delta t + o(\Delta t), \qquad (1.1.12)$$

wobei $o(x)$ eine Größe ist, für die gilt

$$\lim_{x \to 0} \frac{o(x)}{x} = 0.$$

Die entsprechende Überlebenswahrscheinlichkeit ist

$$e^{-\lambda \Delta t} = 1 - \lambda \Delta t + o(\Delta t). \qquad (1.1.13)$$

Die Erlang-Verteilung

Eine stetige Zufallsgröße ξ heißt ERLANG-verteilt vom Grade k mit dem Parameter $\lambda > 0$, wenn ihre Verteilungsdichte f die Gestalt

$$f(t) = \frac{\lambda^k t^{k-1}}{(k-1)!} e^{-\lambda t}, \quad t \geqq 0, \qquad (1.1.14)$$

besitzt. (Für $k = 1$ ergibt sich die Dichte der Exponentialverteilung.) Die Verteilungsfunktion hat die Form

$$E_k(t) = 1 - \sum_{i=0}^{k-1} \frac{(\lambda t)^i}{i!} e^{-\lambda t}, \; t \geqq 0, \qquad (1.1.15)$$

wobei die Summe für $k = 1$ gleich 1 ist.

Eine ERLANG*-verteilte Zufallsgröße ξ vom Grade k mit dem Parameter λ ist darstellbar als Summe von k stochastisch* *vollständig unabhängigen*[1]), *identisch exponentiell verteilten (Parameter: λ) Zufallsgrößen* ξ_i,

$$\xi = \xi_1 + \xi_2 + \cdots + \xi_k. \qquad (1.1.16)$$

Diese Eigenschaft der ERLANG-Verteilung ist Ausgangspunkt der ERLANGschen Phasenmethode (vgl. 2.4).

Viele praktisch auftretende Verteilungsfunktionen lassen sich gut durch *Mischungen* (gewichtete Mittel) *von* ERLANG-*Verteilungsfunktionen* approximieren; denn es gilt (vgl. z. B. [78]): Zu jeder Verteilungsfunktion F auf $(0, \infty)$ exisiert eine Folge (F_n) von Mischungen von ERLANG-Verteilungsfunktionen,

$$F_n(t) = \sum_{i=1}^{N_n} a_{in} E_{k(in)}(t), \qquad E_{k(in)} = \text{ERLANG-Verteilungen},$$

$$a_{in} > 0, \quad \sum_{i=1}^{N_n} a_{in} = 1 \qquad (1.1.17)$$

$$\left(\text{z. B. } a_{in} = F\left(\frac{i}{n}\right) - F\left(\frac{i-1}{n}\right),\right.$$

$$\left. k(in) = n,\ \lambda_{in} = \frac{i}{n};\ i = 1, \ldots, n\right),$$

so daß in allen Stetigkeitspunkten t von F gilt

$$F(t) = \lim_{n \to \infty} F_n(t),$$

d. h. schwache Konvergenz der Folge (F_n) gegen F.

1.1.2 *Erzeugende Funktionen und* LAPLACE-STIELTJES-*Transformierte*

In der Bedienungs- und Zuverlässigkeitstheorie arbeitet man häufig mit erzeugenden Funktionen und LAPLACE-STIELTJES-Transformierten, die oft viel einfacher als

[1]) Da wir bei der stochastischen Unabhängigkeit von mehr als zwei Zufallsgrößen stets deren vollständige stochastische Unabhängigkeit meinen, lassen wir das Wort „vollständig" im folgenden weg.

gesuchte Verteilungen zu berechnen sind, es aber gestatten, wichtige Kenngrößen der untersuchten Systeme zu ermitteln. Man benutzt erzeugende Funktionen zur Untersuchung diskreter Zufallsgrößen (z. B. Warteschlangenlänge) und LAPLACE-STIELTJES-Transformierte, wenn nicht-diskrete Zufallsgrößen (z. B. Wartezeiten) interessieren. Bei zeitabhängigen Problemen spielen auch LAPLACE-Transformierte von zeitabhängigen erzeugenden Funktionen und LAPLACE-STIELTJES-Transformierten eine Rolle.

Für eine anschauliche Interpretation von erzeugenden Funktionen und LAPLACE-STIELTJES-Transformierten vgl. Kap. 10.

Erzeugende Funktion

Es sei $P = (P_k)$ die Verteilung der diskreten nicht negativen Zufallsgröße ν. Die komplexe Funktion $P^*(z)$,

$$P^*(z) = \sum_{k=0}^{\infty} P_k z^k = \mathcal{E} z^\nu, \qquad |z| < 1, \qquad (1.1.18)$$

heißt erzeugende Funktion der Verteilung P.

Laplace-Stieltjes-Transformierte

Es sei F die Verteilungsfunktion einer nicht negativen stetigen Zufallsgröße ξ. Die komplexe Funktion $F^*(s)$,

$$F^*(s) = \int_0^\infty e^{-st}\, dF(t) = \mathcal{E} e^{-s\xi}, \qquad \operatorname{Re} s > 0, \quad (1.1.19)$$

heißt LAPLACE-STIELTJES-Transformierte von F.

Bei bekannter erzeugender Funktion $P^*(z)$ bzw. LAPLACE-STIELTJES-Transformierter $F^*(s)$ kann man die *Momente* der zugehörigen Verteilungen durch Differentiation ermitteln:

Erwartungswert

$$\mathcal{E} \nu = P^{*\prime}(1) = \sum_{i=1}^{\infty} i P_i \qquad (1.1.20)$$

bzw.

$$\mathscr{E}\xi = -F^{*\prime}(0) = \int_0^\infty t \, \mathrm{d}F(t). \qquad (1.1.21)$$

Höhere Momente

$$\begin{aligned} \mathscr{E}\nu^2 &= \sum_{i=0}^{\infty} i^2 P_i = P^{*\prime\prime}(1) + P^{*\prime}(1), \\ \mathscr{V}\nu &= \mathscr{E}(\nu - \mathscr{E}\nu)^2 = P^{*\prime\prime}(1) + P^{*\prime}(1) - [P^{*\prime}(1)]^2 \end{aligned} \qquad (1.1.22)$$

und, vgl. [71], III, § 15,

$$\mathscr{E}\xi^k = \int_0^\infty t^k \, \mathrm{d}F(t) = F^{*\prime(k)}(0)\,(-1)^k. \qquad (1.1.23)$$

$P^{*\prime}(1)$, $P^{*\prime\prime}(1)$ bzw. $F^{*\prime(k)}(0)$ bezeichnen die entsprechenden links- bzw. rechtsseitigen Ableitungen bei 1 bzw. 0.

Auch *Verteilungs*gesetze P und *Verteilungsfunktion* F können prinzipiell durch Differentiation bzw. komplexe Integration ermittelt werden, wenn $P^*(z)$ bzw. $F^*(s)$ bekannt sind. Allerdings ist dieser Weg selten praktisch realisierbar:

$$\begin{aligned} P_0 &= P^*(0), \\ P_1 &= P^{*\prime}(0), \\ P_k &= \frac{1}{k!} P^{*\prime(k)}(0), \qquad k = 2, 3, \ldots, \end{aligned} \qquad (1.1.24)$$

wobei $P^{*\prime(k)}(z)$ die k-te Ableitung von $P^*(z)$ bedeutet,

$$F(t) = \frac{1}{2\pi i} \int_{\alpha - i\infty}^{\alpha + i\infty} \mathrm{e}^{ts} F^*(s) \, \mathrm{d}s. \qquad (1.1.25)$$

(Die Integration erfolgt längs einer beliebigen Geraden, die in der rechten Halbebene liegt und parallel zur imaginären Achse verläuft.)

Schließlich gilt der ***Faltungssatz*** (Multiplikationssatz): Es seien $\xi_1, \xi_2, \ldots, \xi_n$ stochastisch unabhängige Zufallsgrößen mit den erzeugenden Funktionen $P_1^*(z)$, $P_2^*(z)$, $\ldots$, $P_n^*(z)$ bzw. den LAPLACE-STIELTJES-Transformierten $F_1^*(s)$, $F_2^*(s)$, $\ldots$, $F_n^*(s)$. Dann gilt für die erzeugende Funktion $P^*(z)$ bzw. die LAPLACE-STIELTJES-Transformierte $F^*(s)$ der Summe $\xi_1 + \xi_2 + \cdots + \xi_n$

$$P^*(z) = \prod_{i=1}^{n} P_i^*(z), \tag{1.1.26}$$

$$F^*(z) = \prod_{i=1}^{n} F_i^*(z). \tag{1.1.27}$$

1.2. Homogene Markowsche Prozesse

Um die Zustände, die ein Bedienungssystem im zeitlichen Ablauf zufällig annimmt, mathematisch erfassen zu können, benötigen wir den Begriff des stochastischen Prozesses [19, 27]. Unter einem *stochastischen Prozeß* $(\xi_t)_{t\in T}$ versteht man eine Familie von Zufallsvariablen über einem gemeinsamen Wahrscheinlichkeitsraum $[\Omega, \mathfrak{B}, \mathscr{P}]$ mit Werten in einem *Phasenraum* $[E, \mathfrak{M}]$. ξ_t charakterisiert den *Zustand des Systems zur Zeit* t und hat Werte in einer vorgegebenen Menge E von möglichen Zuständen (E heißt daher auch *Zustandsraum*); $\mathfrak{M}$ ist eine σ-Algebra von Teilmengen von E. Der *Parameterbereich*, in unserem Band ausschließlich die *Zeit*, kann entweder *diskret* (z. B. $T = \{0, 1, 2, \ldots\}$) oder *kontinuierlich* (z. B. $T = [0, \infty)$) sein. Wir benutzen ab Kap. 2 im Fall diskreter Zeit stets den Index n, im Fall kontinuierlicher Zeit den Index t, $0 \leqq t < \infty$, und schreiben anstelle von $(\xi_t)_{t\in T}$ nur (ξ_n) bzw. (ξ_t).

Für die Bedienungs- und Zuverlässigkeitstheorie ist eine Klasse stochastischer Prozesse von besonderer Bedeutung: die der *homogenen* MARKOW*schen Prozesse* (vgl. [19, 22, 27, 61]). Es gibt sogar spezielle Verfahren, die es gestatten, allgemeinere stochastische Prozesse zu „*markowisieren*“, sie so abzuändern, daß homogene

MARKOWsche Prozesse entstehen; die für die Bedienungstheorie typischen MARKOWisierungsverfahren findet man in Kap. 4: Methode der eingebetteten MARKOWschen Ketten, Kap. 5: Methode der Zusatzvariablen und Kap. 6: Stückweise lineare MARKOWsche Prozesse.

Ein stochastischer Prozeß $(\xi_t)_{t \in T}$ mit

$$\begin{aligned}\mathscr{P}(\xi_{t+\tau} \in A \mid \xi_t = x, \quad \xi_{t_1} = x_1, \ldots, \xi_{t_n} = x_n) \\ = \mathscr{P}(\xi_{t+\tau} \in A \mid \xi_t = x)\end{aligned} \tag{1.2.1}$$

für alle Zeiten $t > t_1 > \cdots > t_n$, alle $\tau > 0$, alle Zustände $x, x_1, \ldots, x_n \in E$ und alle Zustandsmengen $A \in \mathfrak{M}$ heißt ein MARKOW*scher Prozeß*.[1])

Die durch die Gleichung (1.2.1) definierte MARKOW-*Eigenschaft* besagt, daß bei fixiertem Zustand x zur Zeit t das weitere Verhalten des Prozesses nicht davon abhängt, wie er in den Zustand x gekommen ist, d. h., welche Zustände er vor t angenommen hatte. In den weiteren Abschnitten finden sich zahlreiche Beispiele MARKOWscher Prozesse.

Je nachdem, ob der Parameterbereich T diskret oder kontinuierlich ist, sprechen wir von einem *diskreten* oder *kontinuierlichen* MARKOW*schen Prozeß*.

Besitzt ein MARKOWscher Prozeß nur abzählbar viele Zustände (der Einfachheit halber: 0, 1, ...), nennen wir ihn eine (diskrete bzw. kontinuierliche) MARKOW*sche Kette*.

Ein MARKOWscher Prozeß heißt *homogen*, wenn die in (1.2.1) auftretende Übergangsfunktion $\mathscr{P}(\xi_{t+\tau} \in A \mid \xi_t = x)$ nicht von t, sondern nur von τ, x und A abhängt.

Die Wahrscheinlichkeiten für den Übergang von den Zuständen x in die Zustandsmengen A hängen bei homogenen MARKOWschen Prozessen also nur von der *Zeitdifferenz* τ ab, während der der Übergang stattfinden kann.

---

[1]) Die Gleichung (1.2.1) hat auch dann einen Sinn, wenn die Wahrscheinlichkeiten der Bedingungen „$\xi_t = x$, $\xi_{t_1} = x_1, \ldots, \xi_{t_n} = x_n$" und „$\xi_t = x$" gleich Null sein sollten; vgl. z. B. [71].

Das Verhalten von Systemen, die durch homogene MARKOWsche Prozesse beschrieben werden, wird vollständig durch zwei Größen charakterisiert: die Anfangsverteilung P_0 und die Übergangsfunktion $P(x, \tau, A)$.

Die *Anfangsverteilung* P_0 (als eine solche kann man prinzipiell jedes Verteilungsgesetz auf $\mathfrak{M}$ auffassen) gibt an, mit welchen Wahrscheinlichkeiten zum Anfangszeitpunkt $t = 0$ die einzelnen Systemzustände bzw. Zustandsmengen vorliegen (z. B.: Zur Zeit $t = 0$ sind mit Wahrscheinlichkeit 1 alle Bedienungsapparate frei).

Die *Übergangsfunktion* $P(x, \tau, A)$,

$$P(x, \tau, A) = \mathscr{P}(\xi_{t+\tau} \in A \mid \xi_t = x), \qquad x \in E,\ A \in \mathfrak{M},$$

erfaßt die Wahrscheinlichkeit für den Übergang des Systems von einem festen Zustand x in eine Zustandsmenge A. Wichtig sind zwei Spezialfälle bezüglich E.

a) Falls die Zustandsmenge E abzählbar ist (homogene MARKOWsche Kette), arbeitet man mit *Übergangswahrscheinlichkeiten* $p_{ij}(\tau)$,

$$p_{ij}(\tau) = \mathscr{P}(\xi_{t+\tau} = j \mid \xi_t = i), \qquad \tau > 0,$$

bzw.

$$p_{ij}(m) = \mathscr{P}(\xi_{n+m} = j \mid \xi_n = i), \quad i, j, \in E \text{ mit } p_{ij}(1) = p_{ij}.$$

b) Falls E die reelle Achse (oder ein überabzählbarer Teil davon) ist, benutzt man die *Übergangsverteilungsfunktion* $F(y, \tau, x)$,

$$F(y, \tau, x) = \mathscr{P}(\xi_{t+\tau} < y \mid \xi_t = x), \qquad y, x \in E.$$

Mit Hilfe der Anfangsverteilung und der Übergangsfunktion kann man die *zeitabhängigen absoluten Verteilungen* des Prozesses berechnen. Unter der absoluten Verteilung des Prozesses zur Zeit t, P_t, versteht man die Verteilung der Zufallsvariablen ξ_t. P_t gibt also an, mit welchen Wahrscheinlichkeiten ξ_t in den einzelnen Zustandsmengen liegt.

Es gilt (gemäß der Formel der totalen Wahrscheinlichkeit) offensichtlich

$$P_t(A) = \mathscr{P}(\xi_t \in A) = \int_E P(x, t, A)\, P_0(\mathrm{d}x), \qquad A \in \mathfrak{M}. \tag{1.2.2}$$

Im Fall homogener Markowscher Ketten ist P_t durch die *zeitabhängigen* (*instationären*) *Zustandswahrscheinlichkeiten* $P_j(t) = P_t(\{j\}) = \mathscr{P}(\xi_t = j)$ gegeben und (1.2.2) nimmt die Form

$$P_j(t) = \sum_{(i)} p_{ij}(t)\, P_i(0), \qquad j = 0, 1, \ldots, \tag{1.2.3}$$

an, wobei $P_i(0) = P_0(\{i\}) = \mathscr{P}(\xi_0 = i)$ ist.

Zur praktischen Berechnung der absoluten Verteilungen, die eine der Hauptaufgaben in der Bedienungs- und Zuverlässigkeitstheorie ist, ist die Beziehung (1.2.2) bzw. (1.2.3) i. a. wenig geeignet. Im Fall homogener diskreter Markowscher Ketten rechnet man nach

$$P_j(n) = \sum_{(i)} P_i(n-1)\, p_{ij}, \qquad n = 1, 2, \ldots, \tag{1.2.4}$$

die Zustandswahrscheinlichkeiten rekursiv aus.

Für Prozesse mit kontinuierlicher Zeit ist es oft sehr schwierig, die Übergangsfunktionen für alle Zeitpunkte zu bestimmen. Für kontinuierliche Markowsche Ketten sind die Übergangswahrscheinlichkeiten $p_{ij}(t)$ mit Hilfe der Kolmogorowschen Differentialgleichungssysteme (vgl. [22, 61]) berechenbar, deren Auflösung bei großer Zustandsanzahl allerdings sehr kompliziert ist. Fast immer aber ist es ohne großen Aufwand möglich, für kleine $\tau = \Delta t$ die Übergangsfunktion $P(x, \Delta t, A)$ bis auf Größen der Ordnung $o(\Delta t)$ anzugeben. Dann kann man entsprechend (1.2.2) und (1.2.3), wobei P_0 durch P_t bzw. $P_i(0)$ durch $P_i(t)$ ersetzt werden muß, Differenzengleichungen der folgenden Gestalt aufstellen

$$P_{t+\Delta t}(A) = \int_E P(x, \Delta t, A)\, P_t(\mathrm{d}x) + o(\Delta t) \tag{1.2.5}$$

bzw.

$$P_j(t+\Delta t) = \sum_{(i)} p_{ij}(\Delta t)\, P_i(t) + o(\Delta t), \qquad j = 0, 1, \ldots, \tag{1.2.6}$$

von denen aus man zu Differentialgleichungen (oder anderen Funktionalgleichungen) für die gesuchten absoluten Verteilungen gelangt.

Bei homogenen kontinuierlichen MARKOWschen Ketten kann man die *Differentialgleichungen für die* $P_i(t)$ mit Hilfe der stets existierenden (*Übergangs-*)*Intensitäten* q_i und q_{ij} angeben,

$$\begin{aligned} q_i &= \lim_{\Delta t \downarrow 0} \frac{1 - p_{ii}(\Delta t)}{\Delta t} = p'_{ii}(0), \\ q_{ij} &= \lim_{\Delta t \downarrow 0} \frac{p_{ij}(\Delta t)}{\Delta t} = p_{ij}(0) \quad \text{für} \quad i \neq j, \end{aligned} \tag{1.2.7}$$

[1]

$$0 \leqq q_i \leqq +\infty, \qquad 0 \leqq q_{ij} < +\infty.$$

Für alle $i \in E$ gilt $\sum_{\substack{(j) \\ j \neq i}} q_{ij} \leqq q_i$.

Eine homogene kontinuierliche MARKOWsche Kette heißt *konservativ*, falls $\sum_{j \neq i} q_{ij} = q_i < +\infty$ für alle i. Bei endlichem E liegt diese Eigenschaft stets vor.

Offenbar gilt gemäß Definition (1.2.7)

$$p_{ii}(\Delta t) = 1 - q_i \Delta t + o(\Delta t), \tag{1.2.8}$$

$$p_{ij}(\Delta t) = q_{ij} \Delta t + o(\Delta t), \tag{1.2.9}$$

und die Differenzengleichungen (1.2.6) haben im konservativen Fall die Form

$$P_j(t + \Delta t) = (1 - q_j \Delta t)\, P_j(t) + \sum_{i \neq j} q_{ij} \Delta t P_i(t) + o(\Delta t), \qquad j = 0, 1, \ldots. \tag{1.2.10}$$

---

[1]) Es gilt $p_{ii}(0) = 1$ und $p_{ij}(0) = 0$ für $i \neq j$.

Wenn man $P_j(t)$ auf die linke Seite bringt, durch Δt dividiert und den Grenzwert für $\Delta t \to 0$ bildet, ergibt sich für die zeitabhängigen Zustandswahrscheinlichkeiten $P_j(t)$ einer konservativen homogenen kontinuierlichen MARKOWschen Kette das *Differentialgleichungssystem* (die Ableitungen existieren unter unseren Voraussetzungen stets)

$$P_j'(t) = -q_j P_j(t) + \sum_{i \neq j} q_{ij} P_i(t), \qquad j = 0, 1, \ldots, \tag{1.2.11}$$

mit den *Anfangsbedingungen*

$$P_j(0) = P_j^{(0)}, \tag{1.2.12}$$

die den Zustand des Systems zur Zeit $t = 0$ charakterisieren.

Es sei bemerkt, daß die Lösungen von (1.2.11) im Fall abzählbar unendlich vieler Zustände nicht notwendig die für Verteilungsgesetze unerläßliche Normierungsbedingung

$$\sum_{(j)} P_j(t) = 1 \quad \text{für alle} \quad t \geqq 0$$

erfüllen müssen (vgl. z. B. [32], § 1.3, dort befinden sich auch Bedingungen für das Erfülltsein der Normierungsbedingung). Solche Lösungen kommen natürlich als Zustandswahrscheinlichkeiten nicht in Frage.

Über die Auflösung derartiger Differentialgleichungssysteme kann man sich z. B. in [14, 33, 61, 88] informieren.

Häufig sucht man nicht die zeitabhängigen absoluten Verteilungen, sondern *stationäre Anfangsverteilungen*, die dadurch charakterisiert sind, daß für sie gilt

$$P_t = P_0 \quad \text{für jedes} \quad t \in T. \tag{1.2.13}$$

Damit ist $P_0(A)$ im „stationären Fall" oder im „Zustand des statistischen Gleichgewichts" des Systems gleich der Wahrscheinlichkeit $\mathcal{P}(\xi_t \in A)$ für alle Zeitpunkte t.

Diese Verteilungen sind für die Praxis von großer

Bedeutung, weil viele Systeme die Eigenschaft haben, daß die zeitabhängigen absoluten Verteilungen P_t bei beliebig vorgegebenem P_0 für $t \to \infty$ einer stationären Anfangsverteilung zustreben, die nicht von P_0 abhängt und für das System charakteristisch ist. Sätze, die derartige „Ergodizitätseigenschaften" beinhalten, nennt man *Ergodensätze*. Ein für die Bedienungstheorie wichtiger Ergodensatz für homogene MARKOWsche Prozesse mit allgemeinem Phasenraum ist z. B. der Satz von SEWASTJANOW [29, 80]; im vorliegenden Buch werden Ergodensätze für Prozesse mit nicht abzählbarem Phasenraum in Kap. 6 (Satz von KOWALENKO) und in Kap. 9 angegeben.

Um *Ergodensätze für homogene* MARKOW*sche Ketten* formulieren zu können, werden folgende Begriffe benötigt: Eine homogene MARKOWsche Kette heißt *irreduzibel,* falls es zu je zwei Zuständen i und j, $i, j \in E$, eine Zeitdifferenz t_{ij}, $0 < t_{ij} < \infty$, gibt mit

$$p_{ij}(t_{ij}) > 0 .$$

Eine irreduzible homogene diskrete MARKOWsche Kette heißt *aperiodisch,* wenn für einen ihrer Zustände i (und damit wegen der Irreduzibilität für alle ihre Zustände) gilt: Der größte gemeinsame Teiler aller n, für die $p_{ii}(n) > 0$, ist gleich 1.

Eine homogene MARKOWsche Kette heißt *ergodisch,* wenn für beliebige Anfangsverteilungen die absoluten Verteilungen P_t stets gegen ein- und dieselbe Verteilung, die natürlich einzige stationäre Verteilung der Kette ist, konvergieren:

$$\lim_{t\to\infty} P_i(t) = P_i \quad \text{für alle} \quad i \in E .$$

Ergodensatz von MARKOW (vgl. [22]): *Eine homogene* MARKOW*sche Kette mit endlich vielen Zuständen ist ergodisch, wenn sie irreduzibel und — im Fall diskreter Zeit — aperiodisch ist.*

Ergodensatz von FOSTER (vgl. [13]): *Eine homogene diskrete* MARKOW*sche Kette mit abzählbar vielen*

Zuständen ist ergodisch, wenn sie irreduzibel und aperiodisch ist und wenn das Gleichungssystem

$$x_j = \sum_{(i)} x_i p_{ij} \tag{1.2.14}$$

eine nicht triviale Lösung (x_i) *mit* $\sum_{(i)} |x_i| < \infty$ *hat.*

Eine konservative homogene kontinuierliche Markowsche *Kette mit abzählbar vielen Zuständen ist ergodisch, wenn sie irreduzibel ist und wenn das Gleichungssystem*

$$x_j = \sum_{(i)} x_i \frac{q_{ij}}{q_i}, \qquad q_i > 0, \tag{1.2.15}$$

eine nicht triviale Lösung (x_i) *mit* $\sum_{(i)} |x_i| < \infty$ *hat.*

Stationäre Anfangsverteilungen P homogener Markowscher Prozesse genügen der Integralgleichung

$$P(A) = \int_E P(x, \tau, A)\, P(\mathrm{d}x), \qquad 0 < \tau < \infty, \tag{1.2.16}$$

die sich nach (1.2.13) sofort aus (1.2.2) ergibt. Bei homogenen kontinuierlichen Markowschen Ketten nimmt (1.2.16) die Form

$$P_j = \sum_{(i)} P_i p_{ij}(\tau), \qquad 0 < \tau < \infty, \tag{1.2.17}$$

an, bei homogenen diskreten Markowschen Ketten

$$P_j = \sum_{(i)} P_i p_{ij}. \tag{1.2.18}$$

(1.2.18) ist ein lineares algebraisches Gleichungssystem zur Berechnung der stationären Zustandswahrscheinlichkeiten P_j, zu dem noch die Normierungsgleichung

$$\sum_{(j)} P_j = 1 \tag{1.2.19}$$

hinzuzunehmen ist.

Ausgehend von (1.2.11) ergibt sich bei kontinuierlicher Zeit für die stationären Zustandswahrscheinlichkeiten P_i das Gleichungssystem

$$0 = -q_j P_j + \sum_{i \neq j} q_{ij} P_i, \qquad j = 0, 1, \ldots, \qquad (1.2.20)$$

mit der Normierungsbedingung (1.2.19).

Dieses sogenannte *System der Zustandsgleichungen* gestattet bei gegebenen q_j und q_{ij} die Berechnung der P_i. In 2.1 und 2.2 wird gezeigt, wie man bei der Untersuchung von Bedienungs- und Zuverlässigkeitsmodellen die Intensitäten q_i und q_{ij} bequem ermitteln und damit die Gleichungen (1.2.11) und (1.2.20) aufstellen kann.

Homogene Geburts- und Todesprozesse

Eine spezielle Klasse homogener kontinuierlicher Markowscher Ketten bilden die homogenen Geburts- und Todesprozesse, die dadurch charakterisiert sind, daß für ihre Intensitäten gilt:

$$\begin{aligned} q_{i,i+1} &= \lambda_i \geqq 0, \\ q_{i,i-1} &= \mu_i \geqq 0, \\ q_i &= \lambda_i + \mu_i, \\ q_{ij} &= 0, \text{ sonst}. \end{aligned}$$

Falls alle μ_i gleich Null sind, spricht man von einem *reinen Geburtsprozeß*, falls alle λ_i gleich Null sind, von einem *reinen Todesprozeß*. In kleinen Zeitintervallen finden Übergänge vom Zustand i aus nur in die Nachbarzustände $(i+1)$ („Geburt“) und $(i-1)$ („Tod“) statt. Homogene Geburts- und Todesprozesse mit endlichen Intensitäten sind offensichtlich konservativ.

Das Differentialgleichungssystem (1.2.11) nimmt hier die Gestalt an

$$\begin{aligned} &P_0'(t) = -\lambda_0 P_0(t) + \mu_1 P_1(t), \\ &P_j'(t) = \lambda_{j-1} P_{j-1}(t) - (\lambda_j + \mu_j)\, P_j(t) + \mu_{j+1} P_{j+1}(t), \\ &j = 1, 2, \ldots, \qquad (1.2.21) \end{aligned}$$

(und $P_n'(t) = \lambda_{n-1}P_{n-1}(t) - \mu_n P_n(t)$ bei n Zuständen, $n < \infty$).
Nicht jede Lösung des Systems muß der Normierungsbedingung

$$\sum_{i=0}^{\infty} P_i(t) = 1, \quad 0 \leqq t < \infty, \qquad (1.2.22)$$

genügen; bei Geburtsprozessen ist (1.2.22) genau dann erfüllt, wenn die Reihe $\sum_{i=0}^{\infty} \frac{1}{\lambda_i}$ divergiert, vgl. [32], S. 29. (Im Fall der Konvergenz treten in endlicher Zeit mit positiver Wahrscheinlichkeit unendlich viele „Aufwärtssprünge" auf.)

Zur Auflösung des Differentialgleichungssystems (1.2.21) können die LAPLACE-Transformation (vgl. [33], S. 169) oder numerische Verfahren [88] benutzt werden.

Für homogene Geburts- und Todesprozesse gilt folgender

Ergodensatz ([33], S. 33): *Ein homogener Geburts- und Todesprozeß ist ergodisch, wenn die Reihe*

$$\sum_{k=1}^{\infty} \prod_{i=1}^{k} \frac{\mu_i}{\lambda_i}$$

divergiert und die Reihe

$$\sum_{k=1}^{\infty} \prod_{i=1}^{k} \frac{\lambda_{i-1}}{\mu_i}$$

konvergiert.

Diese Bedingungen sind z. B. dann erfüllt, wenn es einen Zustand N und eine Zahl γ, $0 < \gamma < 1$, gibt mit

$$\frac{\lambda_i}{\mu_{i+1}} \leqq \gamma$$

für alle $i \geqq N$.

Die stationären Zustandswahrscheinlichkeiten P_j ergeben sich nach (1.2.10) als Lösung von

$$\begin{aligned} 0 &= -\lambda_0 P_0 + \mu_1 P_1, \\ 0 &= \lambda_{j-1}P_{j-1} - (\lambda_j + \mu_j)\, P_j + \mu_{j+1}P_{j+1}, \qquad (1.2.23) \\ j &= 1, 2, \ldots, \end{aligned}$$

(und $0 = -\mu_n P_n + \lambda_{n-1} P_{n-1}$ bei endlich vielen Zuständen)
mit der Normierungsbedingung (1.2.19) zu

$$P_k = \frac{\lambda_{k-1}}{\mu_k} P_{k-1} = \prod_{i=1}^{k} \frac{\lambda_{i-1}}{\mu_i} P_0, \quad P_0 = \left[1 + \sum_{k=1}^{\infty} \prod_{i=1}^{k} \frac{\lambda_{i-1}}{\mu_i}\right]^{-1}. \tag{1.2.24}$$

(Bei n Zuständen erfolgt die Summation über k nur bis n.)

1.3. *Zufällige Folgen von Forderungen (Forderungenströme) und Bedienungen*

Wie schon in 1.0 erwähnt, ist einer der grundlegenden Begriffe der Bedienungstheorie der der zufälligen Folge von Forderungen, die im System eintreffen bzw. auftreten und eine Bedienung verlangen. Derartige Folgen werden auch als *Forderungenströme* bezeichnet. Sie werden durch die *Zeitpunkte* t_i, in denen Forderungen eintreffen und die *Anzahlen* n_i der in t_i gemeinsam ankommenden Forderungen bestimmt. Im allgemeinen sind dabei n_i und t_i Zufallsgrößen.

Forderungenströme werden sehr ausführlich in [32], S. 75ff., untersucht. Für unsere Zwecke ist vor allem eine Klasse von Forderungenströmen von Bedeutung, nämlich die der rekurrenten Ströme.

Bei einem *rekurrenten Forderungenstrom* gilt $n_i = 1$ für $i = 1, 2, \ldots,$ und die Zeitdifferenzen (Pausenzeiten) α_i zwischen den Ankunftszeitpunkten t_i aufeinanderfolgender Forderungen,

$$\alpha_i = t_{i+1} - t_i, \quad i = 1, 2, \ldots,$$

sind stochastisch unabhängige, positive, identisch verteilte Zufallsgrößen.

Ein besonders wichtiger Spezialfall ist der, daß die α_i identisch exponentiell mit dem Parameter λ verteilt sind. Diesen Strom nennt man POISSON*schen Forderungen-*

strom (auch: *einfachsten Strom*) der Intensität λ, weil die zufällige Anzahl der Ankünfte, die in einem festen Intervall der Länge $t > 0$ erfolgen, nach den folgenden Überlegungen POISSON-verteilt ist mit dem Parameter λt.

Bezeichnet man mit ν_t die Anzahl der im Zeitintervall $[a, a + t)$ ankommenden Forderungen, so kann man mit Hilfe der Eigenschaft der Gedächtnislosigkeit der Exponentialverteilung (1.1.11) leicht nachweisen, daß (ν_t) eine homogene kontinuierliche MARKOWsche Kette ist. Speziell handelt es sich um einen reinen Geburtsprozeß, und die λ_i sind sämtlich gleich λ, da für alle Zeitintervalle der Länge Δt die Wahrscheinlichkeit dafür, daß eine neue Forderung eintrifft, nach (1.1.12) gleich $\lambda \Delta t + o(\Delta t)$ ist.

Also gelten für die Wahrscheinlichkeiten $P_i(t)$ dafür, daß $\nu_t = i$ gilt, nach (1.2.21) die Differentialgleichungen

$$\begin{aligned} P_0'(t) &= -\lambda P_0(t), \\ P_i'(t) &= -\lambda P_i(t) + \lambda P_{i-1}(t), \quad i = 1, 2, \ldots, \end{aligned} \tag{1.3.1}$$

mit der Anfangsbedingung $P_0(0) = 1$ und der Normierungsbedingung $\sum_{i=0}^{\infty} P_i(t) = 1$ für alle $t \geqq 0$, die wegen $\lim_{i \to \infty} \frac{i}{\lambda} = \infty$ erfüllt ist. Die Lösung des Differentialgleichungssystems (1.3.1) ist, wie man durch Einsetzen nachprüfen kann,

$$P_i(t) = \frac{(\lambda t)^i}{i!} e^{-\lambda t}, \quad i = 0, 1, 2, \ldots, \tag{1.3.2}$$

d. h., die Anzahl der in $[a, a + t)$ eintreffenden Forderungen ist POISSON-verteilt mit dem Parameter λt.

Mit Hilfe der Eigenschaft (1.1.11) der Exponentialverteilung und (1.3.2) kann man leicht zeigen, daß der POISSONsche Forderungenstrom folgende Eigenschaften hat:

(1) *Stationarität:* Die Wahrscheinlichkeit dafür, daß die Anzahlen der in n sich nicht überschneidenden Zeitintervallen eintreffenden Forderungen gleich ν_1,

$\nu_2, \ldots, \nu_n$ sind, hängt nur von den Zahlen $\nu_1, \nu_2, \ldots, \nu_n$ und den Längen der Intervalle ab, nicht aber von der Lage der Intervalle auf der Zeitachse.

(2) *Nachwirkungsfreiheit:* Die Anzahl der Forderungen, die im Zeitintervall $[a, a + t)$ eintreffen, ist stochastisch unabhängig vom Verhalten des Stromes vor a.

(3) *Ordinarität:* Die Wahrscheinlichkeit $P_{>1}(\Delta t)$ dafür, daß in einem Zeitintervall der Länge Δt mehr als eine Forderung eintrifft, hat die Eigenschaft

$$\lim_{\Delta t \to 0} \frac{P_{>1}(\Delta t)}{\Delta t} = 0,$$

d. h.

$$P_{>1}(\Delta t) = o(\Delta t).$$

Das gemeinsame Auftreten der drei Eigenschaften Stationarität, Nachwirkungsfreiheit und Ordinarität ist charakteristisch für den POISSONschen Forderungenstrom: Man kann zeigen (vgl. [32], S. 9ff.), daß ein Strom mit diesen Eigenschaften stets ein POISSONscher Forderungenstrom ist.

POISSONsche Forderungenströme treten in der Praxis sehr oft auf. Ein Grund dafür ist darin zu sehen, daß durch Überlagerung „sehr vieler" Forderungenströme mit „sehr großen" Abständen der Forderungenankünfte POISSONsche Forderungenströme entstehen (vgl. [25, 32]).

Die oben betrachteten Forderungenströme waren dadurch gekennzeichnet, daß die Wahrscheinlichkeit dafür, daß in einem Zeitintervall eine Forderung im System eintrifft, nicht davon abhängt, wieviele bzw. welche Forderungen sich schon im System befinden. Man nennt derartige Forderungenströme auch *Forderungenströme erster Art*. Bedienungssysteme, in denen nur solche Forderungenströme auftreten, heißen Bedienungssysteme mit *unendlich vielen Quellen* oder *offene* Bedienungssysteme. Dem liegt die Vorstellung zugrunde, daß solche Forderungenströme durch Überlagerung sehr vieler

Forderungenströme einzelner Quellen entstehen, wobei wir das Verhalten jeder einzelnen Quelle nicht erfassen. Klassische Beispiele hierfür sind die ERLANGschen Verlust- und Wartesysteme (vgl. 5.2.2 und Kap. 9).

Anders ist die Situation bei den *Forderungenströmen zweiter Art*, die in Bedienungssystemen mit *endlich vielen Quellen* oder sogenannten *abgeschlossenen* Bedienungssystemen auftreten. Hier wird berücksichtigt, daß eine Quelle während der Bedienung bzw. beim Warten auf Bedienung einer ihrer Forderungen keine neue Forderung erzeugen kann. Zum Beispiel kann ein Fernsprechteilnehmer als Quelle für eine Fernsprechvermittlungsstelle als Bedienungssystem entweder schweigen (Pause läuft) oder sprechen (Bedienung läuft); oder in einem Zuverlässigkeitssystem kann ein Bauelement entweder arbeiten oder ausgefallen sein. Bei derartigen Systemen hängt die Wahrscheinlichkeit dafür, daß von der Gesamtfolge von Forderungen aller Quellen in einem Zeitintervall eine Forderung im System eintrifft, davon ab, wieviele Forderungen bzw. von welchen Quellen sich Forderungen im System befinden. Typische Bedienungssysteme dieser Art sind das ENGSETsche Verlustsystem oder das PALMsche Mehrmaschinenmodell (ENGSETsches Wartesystem) (vgl. 4.2.2 und 7.5.3). — Wenn nichts anderes vermerkt wird, werden wir immer einen Forderungenstrom erster Art voraussetzen.

Die *Folge der Bedienungszeiten* auf einem beliebigen, aber festen Bedienungsapparat bzw. der Bedienungszeiten der Forderungen einer bestimmten Quelle soll ebenfalls eine Folge unabhängiger identisch verteilter positiver Zufallsgrößen sein. Die Folgen von Bedienungen erfassen natürlich nicht die zwischen den einzelnen Bedienungszeiten eventuell existierenden Zeitabschnitte, in denen der Bedienungsapparat frei ist. Besonders wichtig ist auch hier der Fall, daß die Bedienungszeiten identisch exponentiell verteilt sind.

Strenggenommen handelt es sich bei den Forderungenströmen bzw. Folgen von Bedienungszeiten um eine spezielle Klasse *zufälliger Punktprozesse*; vgl. [45, 53, 54]. Dieser wahrscheinlichkeitstheoretische Begriff ist besonders geeignet, beliebige, nicht nur rekurrente Forderungsströme (und auch Folgen von Bedienungen) mathematisch zu erfassen; die Bedienungstheorie ist auch eine der hauptsächlichen Quellen für diese Begriffsbildung.

Unter einem Punktprozeß Φ auf $[0, \infty)$ versteht man eine monoton gegen $+\infty$ strebende Folge $(t_i)_{i=0,1,2,\ldots}$ reeller Zahlen, $0 < t_1 < t_2 \cdots$. (Eine äquivalente Beschreibung wird durch die Folge $\alpha_0 = t_1$, $\alpha_1 = t_2 - t_1$, $\alpha_2 = t_3 - t_2, \ldots$ erreicht.)

Es sei M die Menge aller Punktprozesse auf $[0, \infty)$ und $\mathfrak{M}$ eine geeignete σ-Algebra von Teilmengen von M. Ein *zufälliger Punktprozeß* Φ *auf* $[0, \infty)$ liegt vor, wenn auf $\mathfrak{M}$ ein Verteilungsgesetz P gegeben ist.

Ein zufälliger Punktprozeß heißt *rekurrent*, wenn die Folge der positiven reellen stetigen Zufallsgrößen $(\alpha_i)_{i=0,1,2,\ldots}$ vollständig unabhängig ist und die Zufallsgrößen α_i, $i = 1, 2, \ldots$, die *Pausenzeiten*, identisch gemäß einer Verteilungsfunktion A verteilt sind.

Wir fordern für den Erwartungswert m_A der Pausendauern $m_A = \mathscr{E}\alpha_i = \int\limits_0^\infty x \, \mathrm{d}A(x) < +\infty$ für $i = 1, 2, \ldots$

Für einen beliebigen Punktprozeß $\Phi = (t_i) \in M$ kann durch den *Verschiebungsoperator* T_t ein um $t > 0$ verschobener Punktprozeß definiert werden: Es ist $x \in T_t\Phi$ genau dann, wenn $x > 0$ und $x + t \in \Phi$ ist, d. h., der verschobene Punktprozeß $T_t\Phi$ ergibt sich aus Φ, indem man den Anfangspunkt der Zeit nach rechts in den Punkt $t > 0$ verschiebt und die danach in $(-\infty, 0]$ liegenden Punkte von Φ löscht.

Ein zufälliger Punktprozeß Φ mit dem Verteilungsgesetz P heißt *stationär*, wenn zusammen mit Φ auch der verschobene Punktprozeß $T_t\Phi$ für alle $t > 0$ gemäß P verteilt ist.

Für einen stationären zufälligen Punktprozeß Φ wird

der Erwartungswert λ_P der Anzahl der Punkte von Φ, die in einem beliebigen Intervall der Länge 1 liegen, als *Intensität* bezeichnet.

Ein rekurrenter zufälliger Punktprozeß ist genau dann stationär, wenn die positive Zufallsgröße $\alpha_0 = t_1$ die Verteilungsfunktion

$$A_0(x) = \frac{1}{m_A} \int\limits_0^x \bigl(1 - A(y)\bigr)\, dy \quad \text{für} \quad x \geqq 0$$

besitzt.

Für seine Intensität λ gilt dann $\lambda = m_A^{-1}$, d. h., sie ist gleich dem reziproken Erwartungswert der Pausendauern. Ein spezieller stationärer rekurrenter Punktprozeß ist der Poissonsche Punktprozeß, der die Eigenschaft $A_0(x) = A(x)$ $(= 1 - e^{-\lambda x})$ besitzt. Seine Intensität ist gleich λ.

1.4. *Typen von Bedienungssystemen, Kurzsymbolik*

Durch den Typ eines Bedienungssystems wollen wir kennzeichnen, welches Schicksal Forderungen haben, die bei ihrem Eintreffen sämtliche Bedienungsapparate arbeitend antreffen.

Wir unterscheiden folgende Typen:

Verlustsysteme: Forderungen, die bei ihrem Eintreffen keinen freien Bedienungsapparat vorfinden, gehen verloren.

Wartesysteme: Es sind Wartemöglichkeiten für beliebig viele Forderungen, die nicht sofort bedient werden können, vorhanden; diese bilden eine Warteschlange, und es wird durch eine „*Schlangendisziplin*" festgelegt, in welcher Reihenfolge die wartenden Forderungen aus der Warteschlange zur Bedienung ausgewählt werden.

Wichtige Schlangendisziplinen sind:

FIFO (first in — first out): Die Forderungen werden in der Reihenfolge ihres Eintreffens bedient.

LIFO (last in — first out): Jeweils die zuletzt eingetroffene Forderung hat Vorrang.

SIRO (service in random order): Auswahl der nächsten zu bedienenden Forderung aus der Warteschlange „auf gut Glück".

Kombinierte Warte-Verlust-Systeme (Wartesysteme mit Beschränkungen): Es können z. B. nur endlich viele Forderungen warten, deren Anzahl durch eine Anzahl $m < \infty$ von Warteplätzen bestimmt ist; weitere eintreffende und nicht sofort bedienbare Forderungen gehen verloren. Das kann auch dann eintreten, wenn die Warte- oder Verweilzeit bestimmte Schranken überschreiten.

Prioritätensysteme: Die eintreffenden Forderungen besitzen unterschiedliche Dringlichkeiten. Findet eine eintreffende Forderung höherer Dringlichkeit sämtliche Bedienungsapparate besetzt vor, so besitzt sie Priorität und nimmt einen vorderen Platz in der Warteschlange ein oder kann sogar die Bedienung von Forderungen geringerer Dringlichkeit zeitweilig unterbrechen bzw. abbrechen. Diese verschiedenen Möglichkeiten werden durch die Prioritätsregeln festgelegt.

Man unterscheidet zwei grundlegende Prioritätsregeln:

a) *absolute* (oder unterbrechende) *Priorität* (preemptive discipline), bei der eine Unterbrechung der Bedienung einer Forderung niederer Priorität, falls vorhanden, bei Eintreffen einer Forderung höherer Priorität erfolgt. Dabei treten die Fälle absolute Priorität mit Verlust (preemptive loss discipline), absolute Priorität mit Fortsetzung (preemptive resume discipline) und absolute Priorität mit Neubeginn (preemptive repeat different discipline) auf.

b) *relative Priorität* (head of the line priority discipline), bei der keine Unterbrechungen stattfinden, sondern jeweils die Forderung höherer Priorität den ersten Platz in der Warteschlange einnimmt.

Außerdem sind noch *gemischte Prioritätsregeln* (Wahl einer absoluten oder relativen Prioritätsregel in Abhängigkeit von den schon realisierten Bedienungsdauern) und *dynamische Prioritätsregeln* zu erwähnen, bei denen die Wahl einer der obigen Regeln vom Forderungentyp und von gewissen weiteren Zustandsgrößen des Systems bei Eintreffen der Forderung abhängt, z. B. von der Anzahl der schon vorhandenen oder wartenden Forderungen verschiedener Prioritäten.

Zur kurzen Kennzeichnung von Bedienungssystemen und der Folgen von Forderungen bzw. Bedienungszeiten hat sich eine zuerst von KENDALL für Wartesysteme eingeführte *Symbolik* bewährt, die wir hier in etwas erweiterter Fassung erläutern.

Ein Bedienungssystem wird durch vier Größen $A/B/s/m$ gekennzeichnet. Hierbei bedeutet s die *Anzahl der Bedienungsapparate* im System und m die *Anzahl der Warteplätze* (maximale Warteschlange); der Wert $m = 0$ charakterisiert also ein Verlustsystem, ein Wert m mit $0 < m < \infty$ ein kombiniertes Warte-Verlust-System, und der Fall $m = \infty$ kennzeichnet ein reines Wartesystem mit unendlich vielen Warteplätzen.

Im letzten Fall wird üblicherweise der Teil „$/\infty$" weggelassen, so daß bei uns $A/B/s$ und $A/B/s/\infty$ das gleiche bedeuten.

Durch den Buchstaben A wird die *zufällige Folge der Forderungen* gekennzeichnet.

A = GI (general independent) bedeutet einen rekurrenten Forderungenstrom;

A = M (MARKOW) bedeutet einen POISSONschen Forderungenstrom;

A = E_k (ERLANG) bedeutet einen rekurrenten Forderungenstrom mit Abständen, die gemäß einer ERLANG-Verteilung vom Grade k verteilt sind;

A = D (deterministic) bedeutet einen Forderungenstrom mit konstanten Abständen.

Der Buchstabe B dagegen gestattet die Erfassung verschiedenartiger zufälliger *Folgen von Bedienungen* auf den einzelnen Bedienungsapparaten. So entspricht z. B.

B = G einer Folge unabhängiger, identisch verteilter Bedienungszeiten (stationäre rekurrente Folge von Bedienungen) auf jedem Bedienungsapparat,

B = M bedeutet eine Folge unabhängiger, identisch exponentiell verteilter Bedienungszeiten auf jedem Bedienungsapparat usw.

Durch $\vec{G}$ bzw. $\vec{M}$ wird symbolisiert, daß die voneinander unabhängigen Bedienungszeiten nicht notwendig identisch verteilt sind, sondern daß die Verteilungsfunktionen der Bedienungszeiten z. B. unterschiedliche Parameter besitzen, die von dem Bedienungsapparat abhängen können, auf dem die Bedienung stattfindet, oder von der Forderung, um deren Bedienungszeit es sich handelt.

In gleicher Weise kann durch A = $\vec{GI}$ bzw. $\vec{M}$ darauf hingewiesen werden, daß die Pausendauern nicht identisch verteilt sein müssen, sondern z. B. vom Forderungentyp abhängen können oder daß mehrere voneinander unabhängige Forderungenströme unterschiedlicher Intensität das Bedienungssystem erreichen.

Wenn nichts anderes angegeben wird, setzen wir bei der Behandlung konkreter Bedienungssysteme stets voraus, daß die Folgen der Bedienungen von der Folge der Forderungen stochastisch unabhängig sind.

1.5. Methodenübersicht

Wegen der zufälligen Einflüsse in Bedienungssystemen — und ebenso in Zuverlässigkeitssystemen — ist ihr zeitliches Verhalten nur durch stochastische Prozesse zu erfassen. Welche stochastischen Prozesse zur Systembeschreibung und -analyse benutzt werden, hängt von der Struktur und dem Typ der Systeme, den Unabhängigkeits- bzw. Abhängigkeitsvoraussetzungen an die auftretenden Zufallsgrößen, dem Typ ihrer Verteilungsfunktionen und der Aufgabenstellung ab. Im folgenden wollen wir einige allgemeine Hinweise für die Auswahl geben, die natürlich nur eine grobe Orientierung geben können.

Wenn alle das Verhalten der Systemelemente charakterisierenden Verteilungsfunktionen exponentiell oder ERLANGsch sind, kann man die Systeme durch homogene kontinuierliche MARKOWsche Ketten, oft sogar durch homogene Geburts- und Todesprozesse, beschreiben. Die analytische Berechnung der Systemkenngrößen ist dann relativ einfach möglich. In Kap. 2 und 3 sind entsprechende Methoden dargelegt, insbesondere die *Δt-Methode*, die in Kap. 2 mit der üblichen Methode der Differentialgleichungen beschrieben wird, sowie die *ERLANGsche Phasenmethode*. Kap. 3 enthält eine rein algebraische Methode zur Bestimmung der stationären Zustandswahrscheinlichkeiten.

Um solche Systeme, in denen nicht alle Verteilungen exponentiell sind, analytisch behandeln zu können, versucht man oft, die eigentlich unteressierenden stochastischen Prozesse in MARKOWsche Prozesse zu überführen. Mehrere Abschnitte des vorliegenden Bandes sind solchen „*Markowisierungsverfahren*", die sich als sehr erfolgreich herausgestellt haben, gewidmet. Dabei sind im wesentlichen zwei Wege zu unterscheiden: Eine gewissermaßen „*innere*" Markowisierung und eine „*äußere*".

Die „innere" Markowisierung (*Methode der eingebetteten* MARKOW*schen Ketten* nach KENDALL, s. Kap. 4) besteht darin, für den stochastischen Prozeß, der das Bedienungssystem beschreibt, Zeitpunkte zu finden, in denen er sich MARKOWsch verhält. Gelingt es nun, für diese Zeitpunkte mit den einfacheren Methoden der diskreten MARKOWschen Ketten die gesuchten Zustandsgrößen bzw. -wahrscheinlichkeiten zu bestimmen und sie in die entsprechenden Größen für den Ausgangsprozeß zu transformieren, so ist das Ziel erreicht.

Das Wesen der „äußeren" Markowisierung (*Methode der Zusatzvariablen*, s. Kap. 5) ist dadurch gekennzeichnet, daß der Zustandsraum des ursprünglich nicht MARKOWschen stochastischen Prozesses zur Erfassung des Bedienungssystems durch geeignete Zusatzgrößen so erweitert wird, daß der stochastische Prozeß mit dem erweiterten Phasenraum MARKOWsch ist und man Systeme von partiellen Differentialgleichungen bzw. Integrodifferentialgleichungen oder auch linearen algebraischen Gleichungen für die Systemgrößen aufstellen kann. Im Prinzip kann man auf diese Weise jeden stochastischen Prozeß markowisieren. Uns interessieren hier solche Verfahren, die es auch gestatten, die gesuchten Systemkenngrößen mit Hilfe entsprechender Charakteristika des markowisierten Prozesses tatsächlich zu ermitteln. Dazu wurden in der Bedienungstheorie Verfahren ausgearbeitet und spezielle Klassen stochastischer Prozesse konstruiert. Als Beispiel für eine derartige Klasse behandeln wir die *stückweise linearen MARKOWschen Prozesse* nach KOWALENKO (s. Kap. 6), die deswegen besonders interessant sind, weil es für sie außer einem Ergodensatz Iterations- und Näherungsmethoden zur Bestimmung der stationären und zeitabhängigen Zustandswahrscheinlichkeiten gibt.

Die in vielen Fällen sehr komplizierte Anwendung der Methode der Zusatzvariablen vereinfacht sich entscheidend, wenn das untersuchte Modell Unempfindlichkeitseigenschaften besitzt, d. h., wenn die stationären Zustandswahrscheinlichkeiten des Systems von der Gestalt gewisser Verteilungen bei gegebenen Erwartungswerten unabhängig sind. Ein rein algebraisches *Verfahren zur Unempfindlichkeitsprüfung* und gleichzeitigen Bestimmung der stationären Zustandswahrscheinlichkeiten im Unempfindlichkeitsfall wird in Kap. 7 beschrieben.

Für Systeme, in denen stets höchstens eine nicht exponentiell verteilte Zufallsgröße „läuft", ist oft die Beschreibung durch *semi-*MARKOW*sche Prozesse* zweckmäßig, für die es ähnlich einfache analytische Berechnungsmethoden wie für MARKOWsche Ketten gibt (vgl. Kap. 8). Gelegentlich ist es auch möglich, semi-MARKOWsche Prozesse in kompliziertere Prozesse „einzubetten" und diese somit vereinfacht zu behandeln.

Zur Untersuchung von Wartesystemen GI/G/1 und einiger ihrer Varianten benutzt man u. a. die *Methode der Integralgleichungen*. Diese und andere Methoden zur Behandlung von Wartesystemen werden in Kap. 9 behandelt.

Schließlich wird in Kap. 10 die *Methode der Zusatzereignisse* erläutert, die bei einfacheren Systemen (meist nur wenige nicht exponentielle Verteilungsfunktionen) recht einfach zu LAPLACE-STIELTJES-Transformierten und erzeugenden Funktionen führt.

In den Fällen, wo analytische Verfahren nicht anwendbar oder zu aufwendig sind, gibt es zwei Wege, um dennoch zu brauchbaren Ergebnissen zu gelangen: Näherungsverfahren und die Monte-Carlo-Simulation.

In Kap. 2.4, 6 und 11 werden einige wichtige *Näherungsverfahren* beschrieben, die nur einen kleinen Ausschnitt aus der Fülle der gegenwärtig schon bekannten Verfahren bilden. Der Entwicklung von Näherungsverfahren gelten viele gegenwärtig laufende Forschungsarbeiten auf dem Gebiet der Bedienungs- und Zuverlässigkeitstheorie.

Das Wesen von *Simulationsverfahren* wird in Kap. 12 erläutert. Diese können zur Untersuchung praktisch aller Systeme der Bedienungs- und Zuverlässigkeitstheorie benutzt werden. Sie sind allerdings mit dem Einsatz von Rechenautomaten verbunden, auf denen Realisierungen der das Systemverhalten beschreibenden stochastischen Prozesse erzeugt werden. Die statistische Auswertung dieser Realisierungen liefert Näherungen für die gesuchten Systemparameter. Simulationsverfahren sind universell anwendbar und mathematisch nicht kompliziert, wenn

Tabelle 1

Methode (Kapitel)	Anwendungsbereich			Aufwand zur Aufstellung von Formeln und Programmen*)
	Anzahl der Systemzustände	Anzahl der nicht exponentiell verteilten Größen	Systemtyp	
Δt-Methode (2)	beliebig	0	beliebig	relativ gering
Bedienungsschemata (3)	beliebig	0	beliebig	relativ gering
ERLANGsche Phasenmethode (2)	nicht zu groß	ERLANG-Verteilung zugelassen (als Näherungsmethode für beliebige VF)	beliebig	größer als bei Δt-Methode
Eingebettete MARKOWsche Ketten (4)	nicht zu groß ... beliebig	1	beliebig	oft relativ groß
Methode der Zusatzvariablen (5)	nicht zu groß	nicht zu groß	beliebig	oft relativ groß
Stückweise lineare MARKOWsche Prozesse (6)	nicht zu groß ... beliebig	nicht zu groß	beliebig	relativ gering
Unempfindlichkeitskriterien (7)	beliebig	beliebig	Verlustsysteme und Warte-Verlust-Systeme	relativ gering
Semi-MARKOWsche Prozesse (8)	beliebig	1 (selten mehr)	beliebig	relativ gering
Methode der Integralgleichungen (9)	wenige	wenige	Wartesysteme	oft relativ groß
Methode der Zusatzereignisse (10)	nicht zu groß ... beliebig	1 (selten mehr)	beliebig	oft relativ gering
Näherungsmethoden (11)	beliebig	beliebig	beliebig	relativ gering
Simulation (12)	beliebig	beliebig	beliebig	relativ groß

*) Abhängig von der Systemstruktur!

man, wie es meist geschieht, tieferliegende Fragen der Statistik stochastischer Prozesse umgeht. Trotzdem empfehlen wir stets zunächst die Prüfung analytischer Lösungsmöglichkeiten, da analytische Methoden oft zu Formeln führen, die natürlich eine vollständige theoretische Antwort auf verschiedene auftretende Fragen ohne rechenzeitaufwendige Simulation aller interessierenden Einzelfälle ermöglichen und somit insbesondere zur Lösung von Optimierungsproblemen der ideale Ausgangspunkt sind.

In Tab. 1 sind zusammenfassend einige orientierende Angaben zu den einzelnen Methoden zusammengestellt. Es sei schließlich darauf hingewiesen, daß sich in [2, 44, 60, 62, 66, 67, 89, 90] *Tabellen für Systemparameter* wichtiger Bedienungssysteme befinden.

2. Markowsche Ketten in der Bedienungs- und Zuverlässigkeitstheorie

Die Δt-Methode und die Erlangsche Phasenmethode

2.0. Vorbemerkungen

Die einfachste und am weitesten verbreitete mathematische Methode in der Bedienungstheorie ist die der Benutzung homogener MARKOWscher Ketten. Wir bezeichnen diesen Weg hier der Einfachheit halber auch als „Δt-Methode" (vgl. 2.1), dem Wesen der üblichen Praxis entsprechend. Sie ist dann anwendbar, wenn in den betrachteten Systemen *alle* das Verhalten der Elemente charakterisierenden *Verteilungen Exponentialverteilungen* sind. In diesem Fall kann der Zustand des Systems durch eine homogene kontinuierliche MARKOWsche Kette beschrieben werden, und es sind also die für sie bekannten analytischen Methoden zur Bestimmung der gesuchten Größen anwendbar. Insbesondere können die zeitabhängigen Zustandswahrscheinlichkeiten durch lineare Differentialgleichungssysteme mit konstanten Koeffizienten und (falls sie existieren) die stationären Zustandswahrscheinlichkeiten durch lineare algebraische Gleichungssysteme bestimmt werden.

Durch einen Kunstgriff ist die Methode auch dann anwendbar, wenn ERLANG-*verteilte Zufallsgrößen* auftreten bzw. beliebige Verteilungsfunktionen durch ERLANG-Verteilungen angenähert werden.

Die Δt-Methode geht auf ERLANG (1917) und KOLMOGOROW (1930) zurück; siehe dazu [21, 32, 74, 77].

2.1. *Voraussetzungen und theoretische Begründung*

Wenn alle das Verhalten der Elemente des betrachteten Systems charakterisierenden Verteilungen Exponentialverteilungen mit konstanten Parametern und alle das Verhalten der Elemente beschreibenden Zufallsgrößen stochastisch unabhängig sind, kann sein Verhalten durch eine homogene MARKOWsche Kette (g_t) beschrieben werden. Dabei ist g_t der *Grobzustand* des Systems zur Zeit t, der dadurch charakterisiert ist, welche das Verhalten der Elemente charakterisierenden Zeiten (Bedienungszeit, Pausenzeit, Reparaturzeit usw.) — wir benutzen dafür im folgenden den Ausdruck „Lebensdauern" — zur Zeit t laufen. Seine Kenntnis genügt, um auch die *Feinzustände*, die zusätzlich noch Angaben über die verbrauchten bzw. noch zu verbrauchenden Lebensdauerlängen enthalten, hinsichtlich ihrer Verteilungen eindeutig zu charakterisieren. Wegen der Eigenschaft (1.1.11) der Exponentialverteilung sind nämlich die Restlebensdauern exponentiell verteilt mit denselben Parametern wie die „frischen" Lebensdauern. Für das weitere Verhalten des Systems ist es dabei uninteressant, *wie* man in den jeweiligen Zustand kam, es gilt also die MARKOW-Eigenschaft (vgl. 1.2.1)

$$\mathcal{P}(g_{t+\tau} = j \mid g_t = i,\ g_{t_1} = i_1, \ldots, g_{t_n} = i_n) = \mathcal{P}(g_{t+\tau} = j \mid g_t = i) \qquad (2.1.1)$$

für alle $t > t_1 > \cdots > t_n \geqq 0$, $\tau > 0$ und für alle i, j, $i_1, \ldots, i_n \in G$, wobei G die Menge aller möglichen Grobzustände ist.

Wenn die Exponentialverteilungen „fest" sind, gleichartige Lebensdauern (z. B. aufeinander folgende Bedienungszeiten desselben Apparates) also gleiche, zeitunabhängige Parameter haben, gilt für alle $t \geqq 0$

$$\mathscr{P}(g_{t+\tau} = j \mid g_t = i) = \mathscr{P}(g_\tau = j \mid g_0 = i). \quad (2.1.2)$$

(2.1.1) und (2.1.2) drücken formelmäßig aus, daß (g_t) eine homogene MARKOWsche Kette ist.

Die *(Grob-)Zustandswahrscheinlichkeiten* $P_i(t) = \mathscr{P}(g_t = i)$ und $\lim\limits_{t\to\infty} P_i(t) = P_i$ (im Falle ihrer Existenz) sind also mit Hilfe der Gleichungssysteme (1.2.11) und (1.2.20) berechenbar, wenn die Intensitäten q_i und q_{ij} bekannt sind.

Zu ihrer Berechnung gemäß (1.2.7) benötigt man Näherungen für die $p_{ii}(\Delta t)$ und $p_{ij}(\Delta t)$ bei kleinem Δt. Diese können auf Grund der folgenden einfachen Überlegungen, die sich auf ein Zeitintervall der kleinen Länge Δt beziehen, erhalten werden. (Wir setzen voraus, daß der zugrunde liegende Prozeß konservativ ist.)

$\boldsymbol{p_{ii}(\Delta t)}$: Das System verbleibt im Zustand i, wenn keine der im Zustand i laufenden Lebensdauern endet, deren Ablaufen in einen von i verschiedenen Zustand führt. Werden ihre Parameter mit $\lambda_i^{(1)}, \lambda_i^{(2)}, \ldots$ bezeichnet, so ist die Wahrscheinlichkeit dafür, daß die Lebensdauer mit dem Parameter $\lambda_i^{(k)}$, $k = 1, 2, \ldots$, nicht abläuft, gleich

$$1 - \lambda_i^{(k)} \Delta t + o(\Delta t).$$

Die Wahrscheinlichkeit dafür, daß keine dieser Lebensdauern abläuft, ist wegen der Unabhängigkeit der zufälligen Lebensdauern gleich

$$(1 - \lambda_i^{(1)} \Delta t)(1 - \lambda_i^{(2)} \Delta t) \cdots + o(\Delta t).$$

Durch Ausführung der Multiplikation ergibt sich

$$p_{ii}(\Delta t) = 1 - \sum_{(k)} \lambda_i^{(k)} \Delta t + o(\Delta t) \tag{2.1.3}$$

und nach (1.2.7)

$$q_i = \sum_{(k)} \lambda_i^{(k)}. \tag{2.1.4}$$

$\boldsymbol{p_{ij}(\Delta t)}$: Das System geht vom Zustand i direkt in den Zustand j ($i \neq j$) über, wenn eine „passende" Lebensdauer abläuft. Die Parameter aller möglichen für diesen Übergang „passenden" Lebensdauern seien $\lambda_{ij}^{(1)}, \lambda_{ij}^{(2)}, \ldots$. Die Wahrscheinlichkeit dafür, daß die Lebensdauer mit dem Parameter $\lambda_{ij}^{(k)}$ abläuft, ist gleich

$$\lambda_{ij}^{(k)} \Delta t + o(\Delta t).$$

Da der Übergang $i \to j$ stattfindet, wenn eine der Lebensdauern abläuft, ist die Übergangswahrscheinlichkeit

$$p_{ij}(\Delta t) = \sum_{(k)} \lambda_{ij}^{(k)} \Delta t + o(\Delta t), \tag{2.1.5}$$

und es gilt also nach (1.2.7)

$$q_{ij} = \sum_{(k)} \lambda_{ij}^{(k)}. \tag{2.1.6}$$

Den Fall, daß mehrere „passende" Lebensdauern gleichzeitig in Δt ablaufen bzw. in Δt ein indirekter Übergang von i nach j über einen Zwischenzustand erfolgt, brauchen wir nicht gesondert zu erfassen, da er unter unseren Voraussetzungen der Exponentialverteilung nur eine Wahrscheinlichkeit $o(\Delta t)$ ergibt.

Mit den ermittelten Größen ist dann das Erfülltsein der Voraussetzung

$$\sum_{j \neq i} q_{ij} = q_i < +\infty \quad \text{für alle } i,$$

d. h. der Konservativität, zu prüfen. Das wird in den Anwendungen normalerweise der Fall sein.

Wegen der entscheidenden Rolle, die der Bestimmung der $p_{ij}(\Delta t)$ zukommt, benutzen wir für die ganze Methode den Namen „Δt-Methode".

2.2. *Praktische Hinweise zur Anwendung der Δt-Methode*

Die Anwendung der Δt-Methode sollte zweckmäßigerweise in den folgenden vier Schritten erfolgen.

1. Schritt: *Zusammenstellung der Grobzustände.* Voraussetzung für die Rechnungen ist die Kenntnis der höchstens abzählbaren Menge G aller Grobzustände. Diese unterscheiden sich voneinander nur durch Anzahl und Art der laufenden exponentiell verteilten Zeiten, sie können daher leicht durch eine Analyse des Systemverhaltens gefunden werden. Oft ist es auf natürliche Art und Weise möglich, die Zustände durch Anzahlen zu charakterisieren, z. B. durch die Anzahl der besetzten Bedienungsapparate oder der arbeitenden Maschinen.

2. Schritt: *Bestimmung der Intensitäten.* Um die Gleichungssysteme für die gesuchten Zustandswahrscheinlichkeiten aufstellen zu können, muß man die Intensitäten q_i und q_{ij} kennen. Nach 2.1 gilt:

$q_i =$ Summe der Parameter der im Zustand i laufenden Lebensdauern, deren Ablaufen dazu führt, daß i verlassen wird;

$q_{ij} =$ Summe der Parameter derjenigen exponentiell verteilten Zeiten, deren Ablaufen den direkten Übergang $i \to j$ bewirkt.

Zur Kontrolle ist die Gültigkeit der Beziehung für die Konservativität

$$q_i = \sum_{j \neq i} q_{ij} < +\infty \tag{2.2.1}$$

zu prüfen.

Anschaulich kann man die Zustände und die Intensitäten im sogenannten Markow- oder *Übergangsgraphen* darstellen, vgl. Abb. 1.

Falls ein Übergang vom Zustand i in den Zustand j möglich ist, ohne dabei einen anderen Zustand zu durchlaufen, ist vom Zustand i zum Zustand j ein Pfeil zu zeichnen. An diesen ist die Intensität q_{ij} zu schreiben. Nach (2.2.1) ist q_i im Falle der Konservativität gleich der Summe der Intensitäten, die zu Pfeilen gehören, die von i hinwegführen. Falls kein Pfeil hinwegführt, der Zustand i also absorbierend ist, ist die Intensität q_i gleich Null.

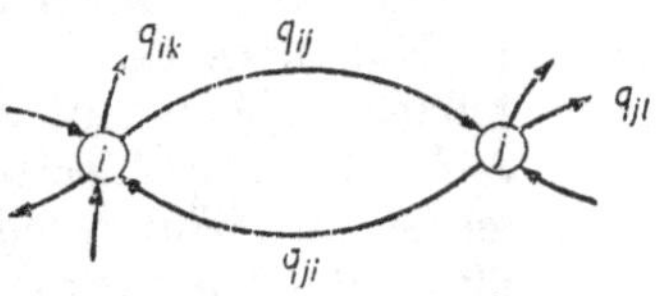

Abb. 1. MARKOW-Graph

Wenn die Intensitäten bekannt sind, kann geprüft werden, ob das untersuchte Modell durch einen Geburts- und Todesprozeß beschrieben wird. Ist das der Fall, so können die weiteren Berechnungen entsprechend 1.2 vereinfacht werden.

3. Schritt: *Aufstellung von Gleichungssystemen für die Grobzustandswahrscheinlichkeiten.* a) *Instationärer Fall: Differentialgleichungssystem für die* $P_j(t)$

$$P_j'(t) = -q_j P_j(t) + \sum_{i \neq j} q_{ij} P_i(t); \qquad (1.2.11)$$

Anfangsbedingung: $P_j(0) = P_j^{(0)}$, $j = 0, 1, \ldots$
Normierungsbedingung: $\sum_{(j)} P_j(t) = 1$, $t \geqq 0$.

Für den Fall eines homogenen Geburts- und Todesprozesses vereinfacht sich dieses System zu (1.2.21).

b) *Stationärer Fall: Lineares algebraisches Gleichungssystem für die* P_i

$$0 = -q_j P_j + \sum_{i \neq j} q_{ij} P_i, \qquad j = 0, 1, \ldots, \qquad \sum_{(i)} P_i = 1. \qquad (1.2.20)$$

Natürlich ist vor Berechnung der stationären (Grob-) Zustandswahrscheinlichkeiten erst zu prüfen, ob diese existieren (vgl. Ergodensätze in Kap. 1).

Für den Fall eines homogenen Geburts- und Todesprozesses geht (1.2.20) in (1.2.23) mit der Lösung (1.2.24) über.

4. Schritt: *Lösung der Gleichungssysteme.* Zur Auflösung der Gleichungssysteme können die dafür üblichen Hilfsmittel der mathematischen Analysis verwendet werden. Das sind im instationären Fall Methoden zur Auflösung linearer Differentialgleichungen mit konstanten Koeffizienten, wobei insbesondere die Laplace-Transformation ein wertvolles Hilfsmittel ist. Bei sehr vielen Zuständen und komplizierter Struktur des Gleichungssystems (1.2.11) empfiehlt sich die Anwendung numerischer Verfahren, vgl. S. 26, 30.

Ein einfaches, aber doch recht genaues Verfahren ist das folgende: Für $P_i(t)$ wird für jedes i ausgehend von den Anfangswerten $P_i(0)$ in den diskreten Zeitpunkten $t = \tau, 2\tau, \ldots$ iterativ je ein Näherungswert $\hat{P}_i(t)$ berechnet,

$$\hat{P}_i\big((n+1)\,\tau\big) = (1 - q_i\tau)\,\hat{P}_i(n\tau) + \sum_{j \neq i} q_{ji}\tau\,\hat{P}_j(n\tau),$$
$$\hat{P}_i(0) = P_i(0). \qquad (2.2.2)$$

Es sei bemerkt, daß die Beziehungen (2.2.2) genau den Differenzengleichungen (1.2.10) für die Grobzustandswahrscheinlichkeiten entsprechen. τ sollte in der Größenordnung $\tau q \sim 0{,}1$ gewählt werden, wobei $q = \max\limits_{(i)} \{q_i\}$.

Im stationären Fall sind bei vielen Zuständen ebenfalls numerische Verfahren anzuwenden, falls nicht die Struktur der Gleichungen eine direkte exakte Lösung gestattet (vgl. auch [1]). Dabei sollte ausgenutzt werden, daß es sich bei den Matrizen meist um „schwach besetzte" Matrizen handelt. Mit $\tau = q^{-1}$ kann man (2.2.2) auch zur iterativen Berechnung der P_i benutzen [83].

Sowohl im stationären als auch im instationären Fall kann man ziemlich häufig mit vertretbarem Aufwand die erzeugende Funktion für die Verteilung $P = (P_i)$ bzw. die Laplace-Transformierte für die Verteilung $P_t = \big(P_i(t)\big)$

bestimmen, wodurch es möglich ist, Momente zu berechnen (vgl. 1.1.2).

2.3. *Beispiele zur Δt-Methode*

2.3.1. *Berechnung der stationären Grobzustandswahrscheinlichkeiten für das Wartesystem* M/M/s (*Parameter:* λ, μ)

1. Schritt: Das System hat die Zustände i, i = Anzahl der Forderungen im System, $i = 0, 1, 2, \ldots$. Die zugehörigen stationären Grobzustandswahrscheinlichkeiten werden (sofern sie existieren) mit P_i bezeichnet.

2. Schritt: Der MARKOW-Graph des Systems ist in Abb. 2 dargestellt. Ein Aufwärtssprung $i \to i + 1$ findet statt, wenn eine Forderung eintrifft (Intensität: λ), ein

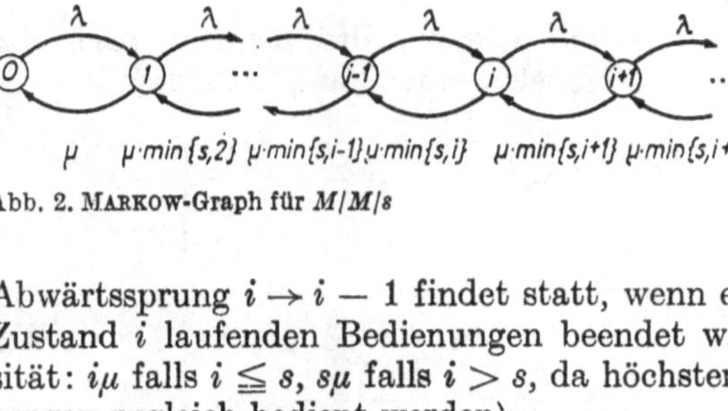

Abb. 2. MARKOW-Graph für $M/M/s$

Abwärtssprung $i \to i - 1$ findet statt, wenn eine der im Zustand i laufenden Bedienungen beendet wird (Intensität: $i\mu$ falls $i \leqq s$, $s\mu$ falls $i > s$, da höchstens s Forderungen zugleich bedient werden).

Offensichtlich wird das System durch einen Geburts- und Todesprozeß mit

$$\lambda_i = \lambda, \quad \mu_i = i\mu, \quad i = 1, 2, \ldots, s,$$
$$\mu_i = s\mu, \quad i \geqq s,$$

beschrieben. Nach dem in 1.2 gegebenen hinreichenden Kriterium für Geburts- und Todesprozesse ist der Prozeß ergodisch, d. h., die P_i existieren und sind unabhängig von der Anfangsverteilung, wenn

$$\varrho = \frac{\lambda}{\mu} < s \text{ (vgl. auch Kap. 9).} \tag{2.3.1}$$

3. Schritt: Das Gleichungssystem für die P_i lautet für $s \geqq 2$ gemäß (1.2.23):

$$0 = -\lambda P_0 + \mu P_1,$$
$$0 = \lambda P_0 - (\lambda + \mu) P_1 + 2\mu P_2,$$
$$\ldots$$
$$0 = \lambda P_{i-1} - (\lambda + i\mu) P_i + (i + 1) \mu P_{i+1}, \qquad i < s,$$
$$\ldots$$
$$0 = \lambda P_{i-1} - (\lambda + s\mu) P_i + s\mu P_{i+1}, \qquad i \geqq s,$$
$$\sum_{i=0}^{\infty} P_i = 1.$$

4. Schritt: Seine Lösung, die bequem nach der Formel (1.2.24) ermittelt werden kann, ist gleich

$$\left.\begin{aligned} P_i &= \frac{\varrho^i}{i!} P_0, \quad i = 1, 2, \ldots, s-1, \\ P_i &= \frac{\varrho^i}{s!\, s^{i-s}} P_0, \quad i = s, s+1, \ldots, \\ P_0 &= \left[\sum_{i=0}^{s} \frac{\varrho^i}{i!} + \frac{s^s}{s!} \sum_{i=s+1}^{\infty} \left(\frac{\varrho}{s}\right)^i\right]^{-1}, \\ \varrho &= \frac{\lambda}{\mu}. \end{aligned}\right\} \tag{2.3.2}$$

Es sei bemerkt, daß bei diesem Beispiel P_i auch gleich der „ablauforientierten“ Wahrscheinlichkeit P_i^0 dafür ist, daß im stationären Zustand eine eintreffende Forderung i andere Forderungen im System antrifft, vgl. auch Kap. 9.

2.3.2. *Berechnung der Lebensdauer eines Maschinensystems*

Das zu untersuchende System bestehe aus 3 Maschinen mit exponentiell verteilten Lebensdauern (Parameter: λ), die zur Zeit $t = 0$ alle intakt sind und einer Reparatureinrichtung, die gleichzeitig nur eine ausgefallene Maschine reparieren kann. Die Reparaturzeit ist exponentiell verteilt (Parameter: β). Gleichzeitig sollen stets 2 Maschinen arbeiten, während die 3. entweder in kalter Reserve ist oder repariert wird. Das System stellt seine Arbeit sofort dann ein, wenn 2 Maschinen ausgefallen sind.

Gesucht ist die Wahrscheinlichkeit $L(t)$ dafür, daß das System zur Zeit t ausgefallen ist.

Lösung:

1. Schritt: Das System hat die Zustände:

0: keine Maschine ist ausgefallen,
1: eine Maschine ist ausgefallen,
2: zwei Maschinen sind ausgefallen.

Die zugehörigen Zustandswahrscheinlichkeiten sind $P_0(t)$, $P_1(t)$, $P_2(t)$. Offenbar gilt

$$L(t) = P_2(t).$$

2. Schritt: Der MARKOW-Graph des Systems ist in Abb. 3 dargestellt. Ein Aufwärtssprung $i \to i + 1$, $i = 0, 1$, findet statt, wenn eine der beiden arbeitenden Maschinen ausfällt (Intensität: 2λ); ein Abwärtssprung tritt bei Beendigung einer Reparatur ein (Intensität: β). Der Zustand 2 ist „absorbierend“, d. h., er kann, einmal

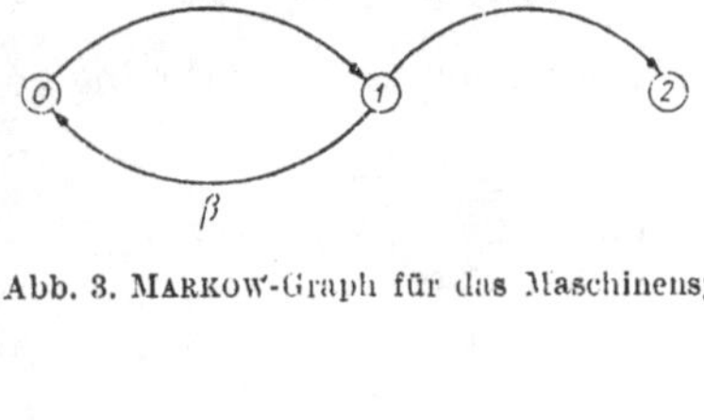

Abb. 3. MARKOW-Graph für das Maschinensystem

erreicht, nicht wieder verlassen werden. Daher gilt $\lim_{t\to\infty} P_2(t) = 1$.

3. Schritt: Das Differentialgleichungssystem für die zeitabhängigen Zustandswahrscheinlichkeiten $P_i(t)$ lautet nach (1.2.11)

$$\begin{aligned}
P_0'(t) &= -2\lambda P_0(t) + \beta P_1(t), \\
P_1'(t) &= 2\lambda P_0(t) - (2\lambda + \beta) P_1(t), \\
P_2'(t) &= 2\lambda P_1(t).
\end{aligned}$$

Anfangsbedingung: $P_0(0) = 1$, $P_1(0) = P_2(0) = 0$.
Normierungsbedingung: $\sum_{(i)} P_i(t) = 1$, $t \geqq 0$.

4. Schritt: Lösung mittels LAPLACE-Transformation: Transformiertes Gleichungssystem:

$$\begin{aligned}
sP_0^*(s) - 1 &= -2\lambda P_0^*(s) + \beta P_1^*(s), \\
sP_1^*(s) &= 2\lambda P_0^*(s) - (2\lambda + \beta) P_1^*(s), \\
sP_2^*(s) &= 2\lambda P_1^*(s).
\end{aligned}$$

Für $\lambda = 1$, $\beta = 2$ erhält man

$$P_0^*(s) = \frac{s + 4}{s^2 + 6s + 4},$$

$$P_1^*(s) = \frac{2}{s^2 + 6s + 4},$$

$$P_2^*(s) = \frac{4}{s(s^2 + 6s + 4)}.$$

Wegen

$$s^2 + 6s + 4 = (s + 3 - \sqrt{5})\,(s + 3 + \sqrt{5})$$

ergibt sich nach Rücktransformation die zeitabhängige Lösung

$$P_0(t) = \frac{5 + \sqrt{5}}{10}\, e^{-(3-\sqrt{5})t} + \frac{5 - \sqrt{5}}{10}\, e^{-(3+\sqrt{5})t},$$

$$P_1(t) = \frac{2\sqrt{5}}{10} e^{-(3-\sqrt{5})t} - \frac{2\sqrt{5}}{10} e^{-(3+\sqrt{5})t},$$

$$P_2(t) = 1 - P_0(t) - P_1(t).$$

Die so erhaltene exakte Lösung $L(t) = P_2(t)$ wurde mit der nach (2.2.2) mit $\tau = 0{,}1$ erhaltenen Näherung verglichen. Die Übereinstimmung beider Lösungen ist recht gut, vgl. Tab. 2.

Tabelle 2

t	Exakte Lösung	Näherung
0,5	0,213	0,217
1,0	0,456	0,471
1,5	0,628	0,645
2,0	0,746	0,761
2,5	0,826	0,839
3,0	0,882	0,892

2.4. *Die Erlangsche Phasenmethode*

Wenn in dem untersuchten System neben Exponentialverteilungen auch ERLANG-Verteilungen oder ausschließlich ERLANG-Verteilungen auftreten, kann trotzdem die Δt-Methode angewendet werden. Man benutzt dabei die Tatsache (vgl. (1.1.16)), daß man eine vom Grade k mit dem Parameter μ ERLANG-verteilte Zufallsgröße ξ als Summe von k unabhängigen, identisch exponentiell verteilten Zufallsgrößen ξ_i (Parameter: μ) darstellen kann. Beispielsweise kann also eine ERLANG-verteilte Bedienungszeit vom Grade k als *Aufeinanderfolge k stochastisch unabhängiger Phasen zufälliger Länge* aufgefaßt werden, von denen jede identisch exponentiell verteilt ist. Wählt man für den Bedienungsapparat Nummer j als Zustände $i_j = i =$ „Bedienung läuft in der i-ten Phase", $i = 1, 2, \ldots, k$, $j = 1, \ldots, s$, und $i_j = 0 =$ „Bedienungsapparat

Nummer j ist frei", so ist die Δt-Methode anwendbar, da der stochastische Prozeß mit dem Zustandsraum $E = \{(i_1, \ldots, i_s)\colon\ 0 \leqq i_j \leqq k,\ 1 \leqq j \leqq s\}$ eine homogene kontinuierliche Markowsche Kette bildet (wegen der Exponentialverteilung für jede einzelne Phase bewirkt die Eigenschaft der Gedächtnislosigkeit die Markow-Eigenschaft für den stochastischen Prozeß mit dem Zustandsraum E, der den Ablauf im gesamten System beschreibt).

Natürlich wächst bei dieser Vorgehensweise die Anzahl der Zustände des Systems sehr stark an, was einer breiten Anwendung der Erlangschen Phasenmethode hinderlich ist.

Auf ähnliche Weise kann man Bedienungsapparate mit einer Bedienungszeitverteilung $B(t)$ modellieren, die als *Mischung* (gewichtetes Mittel) *von* Erlang-*Verteilungen* unterschiedlicher Ordnung darstellbar ist:

$$B(t) = \sum_{i=1}^{n} a_i E_{k_i}(t), \qquad \sum_{i=1}^{n} a_i = 1, \qquad a_i > 0,$$

vgl. Abb. 4. Dabei ist zu beachten, daß in allen Phasen ein und desselben Bedienungsapparats insgesamt höchstens eine Forderung sein darf.

Da sich nach (1.1.17) viele praktisch auftretende

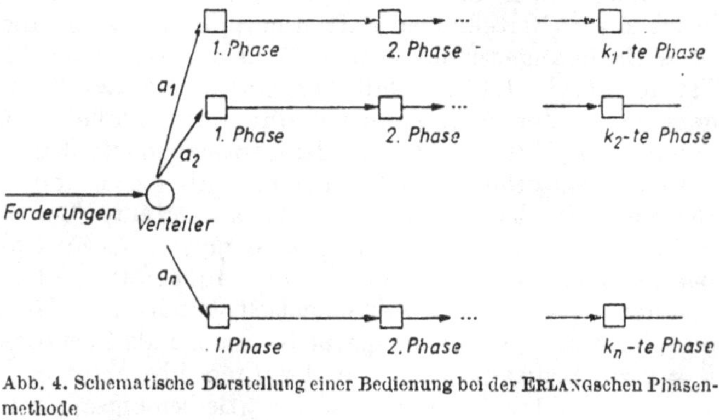

Abb. 4. Schematische Darstellung einer Bedienung bei der Erlangschen Phasenmethode

Verteilungsfunktionen auf $[0, \infty)$ gut durch Mischungen von ERLANG-Verteilungen approximieren lassen, können mit Hilfe der ERLANGschen Phasenmethode, d. h. also der Δt-Methode, im Prinzip auch Bedienungsmodelle mit „beliebig" komplizierten" Bedienungs- und Pausenzeitverteilungsfunktionen behandelt werden, vgl. [21, 78]. Es ist dann eine Mischung mit möglichst wenigen Gliedern und günstig gewählten Parametern zu finden. Allerdings sind uns keine Abschätzungen für die hierbei auftretenden Fehler bekannt, und außerdem enthält, wie schon erwähnt, das ERLANGsche Phasenmodell als Näherungsmodell eine große Anzahl von Zuständen.

Beispiel: *ENGSETsches Verlustsystem* (vgl. auch S. 121). Ein Bedienungssystem bestehe aus einem Bedienungsapparat und n Quellen, die Forderungen stellen können. Die Bedienungszeit sei ERLANG-verteilt vom Grade $k = 2$ mit dem Parameter μ. Die Quellen stellen ihre Forderungen unabhängig voneinander jeweils in exponentiell verteilten Abständen = Pausenzeiten (Parameter: λ). Wenn eine Forderung den Bedienungsapparat frei vorfindet, beginnt sofort die Bedienung, nach deren Ende auf der betreffenden Quelle eine neue Pausenzeit beginnt. Falls der Bedienungsapparat besetzt ist, beginnt eine neue Pausenzeit.

Gesucht ist die Wahrscheinlichkeit P_B dafür, daß im stationären Zustand der Bedienungsapparat besetzt ist.

1. Schritt: Zustände des Systems:

0: Bedienungsapparat frei,
1: Bedienungsapparat besetzt, 1. Phase der Bedienung,
2: Bedienungsapparat besetzt, 2. Phase der Bedienung.

2. Schritt: MARKOW-Graph, vgl. Abb. 5.

3. Schritt: Gleichungssystem für die stationären Zustandswahrscheinlichkeiten P_i gemäß (1.2.20)

$$0 = -n\lambda P_0 + \mu P_2,$$

$$0 = n\lambda P_0 - \mu P_1,$$

$$0 = \mu P_1 - \mu P_2,$$
$$P_0 + P_1 + P_2 = 1.$$

Lösung (Spezialfall von (7.5.3)):

$$P_0 = \left[1 + 2\frac{n\lambda}{\mu}\right]^{-1},$$

$$P_1 = P_2 = \frac{n\lambda}{\mu} P_0,$$

$$P_B = P_1 + P_2 = \left[1 + \frac{\mu}{2n\lambda}\right]^{-1}.$$

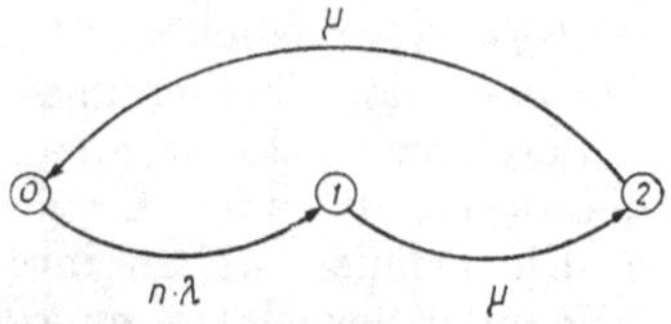

Abb. 5. MARKOW-Graph für ein ENGSETsches Verlustsystem

3. Eine Klasse formalisierter Bedienungssysteme Das System *Z* der Zustandsgleichungen

3.0. Vorbemerkungen

Für eine breite Klasse praktisch wichtiger Bedienungs- und Zuverlässigkeitsmodelle wird in diesem Abschnitt eine einheitliche formale Beschreibung und — unter Voraussetzung der *Exponentialverteilung aller auftretenden Zufallsgrößen* — das entsprechende Gleichungssystem (3.2.2) für die stationären Grobzustandswahrscheinlichkeiten angegeben. Dessen Aufstellung ist auch graphisch leicht möglich, so daß hier die Anwendung der Δt-Methode nicht erforderlich ist.

Es handelt sich dabei um eine in [40, 41, 50, 51, 52, 53, 54] durchgeführte Verallgemeinerung einer von MATTHES 1960 vorgenommenen Axiomatisierung gewisser Bedienungsmodelle.

Die hier behandelte Klasse von Bedienungs- und Zuverlässigkeitsmodellen liegt auch den Unempfindlichkeitsuntersuchungen in Kap. 7 und im wesentlichen unserer Darstellung der stückweise linearen MARKOWschen Prozesse in Kap. 6 zugrunde. (Außerdem bildet sie auch die Modellgrundlage bei der Einbeziehung von zufälligen Punktprozessen zur Erfassung allgemeinerer Abhängigkeiten in Bedienungssystemen, vgl. [53, 54].)

3.1. *Bedienungsschemata*

I. Ein Bedienungssystem bestehe aus endlich vielen *Objekten* O_j, $j \in J$. Dabei erfaßt die endliche, nichtleere Menge J die Indizes der Objekte. Beispiele für Objekte sind Bedienungsapparate, Warteschlangen, Quellen usw.

II. Jedes Objekt O_j kann endlich viele *Objektzustände* i_j annehmen, wobei aktive und passive Objektzustände unterschieden werden. Demzufolge ordnen wir jedem $j \in J$ zwei endliche Mengen C_j (*aktive* Objektzustände), D_j (*passive* Objektzustände) zu mit $C_j \cap D_j = \emptyset$, $C_j \cup D_j \neq \emptyset$.

Beispiel: Objekt O_j „Bedienungsapparat Nr. j" mit
$i_j = 1$: auf O_j läuft eine Bedienung (aktiv),
$i_j = 0$: O_j ist unbelegt (passiv),
$i_j = 2$: O_j ist in Reparatur (aktiv),
$i_j = -1$: O_j wartet auf Reparatur (passiv).

Wählt man z. B. eine Warteschlange mit k Warteplätzen als Objekt O_1, so besitzt diese keinen aktiven Objektzustand, d. h. $C_1 = \emptyset$, und $k + 1$ passive Objektzustände $i_1 \in D_1 = \{0, 1, \ldots, k\}$, wobei $i_1 = l \in D_1$ besagt, daß l Warteplätze belegt sind.

Wir verbinden mit den aktiven Objektzuständen i_j die Vorstellung, daß sie (im Gegensatz zu den passiven Zuständen, die von sich aus nicht aufhören können) eine eigene zufällige Lebensdauer besitzen bzw. daß ihnen eine zufällige Arbeits- oder Energiemenge zugeordnet ist, die während des Vorliegens des betreffenden aktiven Objektzustandes (z. B. während einer Bedienung oder Reparatur) zu leisten ist. Formal erfassen wir das dadurch, daß wir jedem aktiven Zustand i_j des Objektes O_j, d. h. jedem Paar $[i_j, j]$ mit $i_j \in C_j$, $j \in J$, eine positive stetige reelle Zufallsgröße $\xi_{i_j,j}$ zuordnen, die gerade diese *zufällige Arbeitsmenge* darstellt; $\xi_{i_j,j}$ besitze die Verteilungsdichte $f_{i_j,j}(x)$ und den endlichen Erwartungswert $\mathcal{E}\xi_{i_j,j} = \varrho_{i_j,j}^{-1}$, und wir setzen voraus, daß diese Zufallsgrößen stochastisch unabhängig sind. (In vielen Modellen genügt es, Verteilungsfunktionen $F_{i_j,j}$ der Zufallsgrößen $\xi_{i_j,j}$ vorzugeben und die Existenz von Verteilungsdichten $f_{i_j,j}$ nicht zu verlangen. In anderen Modellen, wo bei ungünstiger Wahl der Verteilungsfunktionen $F_{i_j,j}$ mit positiver Wahrscheinlichkeit gleichzeitig aktive Zustände verschiedener Objekte beendet werden und einen Sprung auslösen können, ist aber die Voraussetzung der Existenz von Verteilungsdichten bei unserer Konstruktion der Bedienungsschemata erforderlich.)

Die $\xi_{i_j,j}$ werden nach bestimmten Gesetzen abgebaut. Die zum Zeitpunkt t vorhandene *restliche Arbeitsmenge* des aktiven Zustandes i_j des Objektes O_j bezeichnen wir mit $\xi_{i_j,j}(t)$.

III. Einen *Grobzustand* g des gesamten Bedienungssystems erfassen wir durch die Gesamtheit der Zustände i_j der Objekte O_j des Systems, d. h., es ist

$$g = (i_j)_{j \in J} \quad \text{mit} \quad i_j \in C_j \cup D_j .$$

Also ist ein Zustand g eine Familie bzw. ein Vektor von Objektzuständen. Die Menge aller Grobzustände bezeichnen wir mit G. Häufig ist es nicht erforderlich, in den Zustand g die Objektzustände sämtlicher Objekte aufzunehmen, z. B. dann nicht, wenn ein Objekt nur einen, und zwar aktiven Objektzustand besitzt, in dem es sich immer befindet (Bsp.: Forderungenstrom erster Art).

Ein Zustand g liefert uns gewissermaßen eine „Momentaufnahme“ der Objekte des Bedienungssystems, aus der wir z. B. entnehmen können, welche Bedienungsapparate belegt sind, welche frei sind, welche in Reparatur sind, wieviel Forderungen warten usw.; g enthält aber keine Angaben darüber, wie lange die jeweiligen (aktiven oder passiven) Zustände der einzelnen Objekte schon andauern oder noch andauern werden.

Die uns in diesem Abschnitt interessierenden Größen sind die stationären Wahrscheinlichkeiten P_g dieser Zustände $g \in G$.

IV. Zur Vereinfachung führen wir die Menge $J_g := \{j : j \in J, i_j \in C_j\} \subseteq J$ ein, die für jedes $g = (i_j) \in G$ die *Menge der Indizes der bezüglich g aktiven Objekte* erfaßt, und fordern $J_g \neq \emptyset$ für alle $g \in G$, damit es in jedem g mindestens ein aktives Objekt gibt.

V. Jedem $g \in G$, $j \in J_g$ ordnen wir eine reelle Zahl c_{jg} zu mit $0 \leqq c_{jg} < +\infty$ und bezeichnen c_{jg} als *Geschwindigkeit des aktiven Zustandes* $i_j \in C_j$ des bezüglich $g = (i_j)$ aktiven Objektes O_j bei Vorliegen des Zustandes g. Wir deuten c_{jg} als die Geschwindigkeit, mit der bei Vorliegen eines Zustandes $g = (i_j)$ zur Zeit t die zufällige Restarbeitsmenge $\xi_{i_j,j}(t)$ des aktiven Zustandes $i_j \in C_j$ von O_j abgebaut wird, so daß wir symbolisch schreiben können

$$\frac{d\xi_{i_j,j}(t)}{dt} = -c_{jg}. \tag{3.1.1}$$

Ist $c_{jg} = 1$ für alle $g \in G$, dann kann man $\xi_{i_j,j}$ auch als Lebensdauern der aktiven Zustände i_j des Objektes O_j auffassen.

Durch die Geschwindigkeiten können wir somit in unserem formalisierten Modell Systeme darstellen, bei denen aktive Zustände gewisser Objekte bzw. die mit ihnen verbundenen zufälligen Restarbeitsmengen $\xi_{i_j,j}(t)$ in Abhängigkeit vom Zustand g des gesamten Systems schneller oder langsamer realisiert werden, vgl. Abb. 6.

Beispielsweise kann die Bedienungsgeschwindigkeit

von der Anzahl der in g erfaßten wartenden Forderungen abhängen. Ein Wert $c_{jg} = 0$ bedeutet dabei, daß der aktive Zustand i_j des bezüglich g aktiven Objektes, genauer die Realisierung der mit ihm verbundenen zufälligen Restarbeitsmenge $\xi_{i_j,j}(t)$, *zeitweilig* (solange g vorliegt) *unterbrochen* ist. Das kann z. B. eintreten, wenn eine Bedienungsforderung höherer Priorität die laufende Bedienung einer Forderung geringerer Priorität

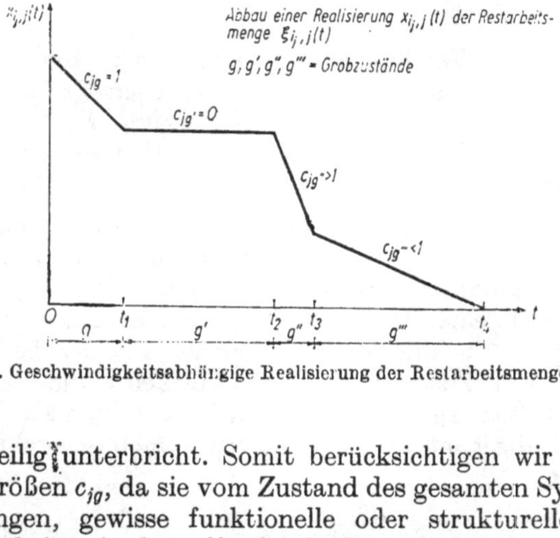

Abb. 6. Geschwindigkeitsabhängige Realisierung der Restarbeitsmenge $x_{i_j,j}(t)$

zeitweilig unterbricht. Somit berücksichtigen wir durch die Größen c_{jg}, da sie vom Zustand des gesamten Systems abhängen, gewisse funktionelle oder strukturelle Abhängigkeiten im betreffenden Bedienungssystem.

Wir bezeichnen die *Indexmenge der Objekte, die bezüglich g mit positiver Geschwindigkeit aktiv sind,* mit $J_g' = \{j : j \in J_g, c_{jg} > 0\}$ und verlangen

$$J_g' \neq \Phi \quad \text{für alle} \quad g \in G.$$

Die zufälligen Übergänge zwischen den Zuständen schematisieren wir durch die Eigenschaft

VI. Befindet sich das System im Zustand $g \in G$ und endet der aktive Objektzustand eines bezüglich g aktiven Objektes O_s mit $s \in J_g'$, d. h. wird $\xi_{i_s,s}(t)$ gleich 0, so geht das System zufällig in einen Zustand $g' \in G$ über, wobei $g' = g$ nicht ausgeschlossen ist. Wir sagen, daß *das Objekt O_s einen Sprung des Systems von g nach g' ausgelöst hat.*

Der Übergang von g nach g', der durch das sprungauslösende Objekt O_s bewirkt wird, findet mit der *Übergangswahrscheinlichkeit* t $p(g, s, g')$ statt, wobei

$$p(g, s, g') \geqq 0 \quad \text{für alle} \quad g, g' \in G, s \in J_g'$$

und

$$\sum_{g' \in G} p(g, s, g') = 1 \quad \text{für alle} \quad g \in G, s \in J_g'.$$

Ein Bedienungsschema ist gegeben, wenn die in I. bis VI. auftretenden Größen außer den Verteilungsdichten $f_{i_j,j}$, aber einschließlich deren Erwartungswerte $\varrho_{i_j,j}^{-1}$ fixiert sind und die angegebenen Bedingungen erfüllen.

Wir nennen Verteilungsdichten $f_{i_j,j}$, deren Erwartungswerte gleich den vorgegebenen Werten $\varrho_{i_j,j}^{-1}$ sind, „passende" Verteilungsdichten. In Analogie zum Begriff der irreduziblen homogenen Markowschen Ketten (vgl. 1.2) definieren wir:

Ein Bedienungsschema heißt *irreduzibel*, wenn zu jedem Paar $g, g' \in G$ eine endliche Folge $g = g_0, s_0, g_1, s_1, \ldots, g_n, s_n, g_{n+1} = g'$ mit $g', g_i \in G$, $s_i \in J'_{g_i}$, für $i = 0, 1, \ldots, n$ existiert, so daß

$$p(g_i, s_i, g_{i+1}) > 0 \quad \text{für} \quad i = 0, 1, \ldots, n;$$

es ist also mit positiver Wahrscheinlichkeit ein Übergang von g nach g' durch endlich viele Sprünge möglich.

3.2. *Bedienungsprozesse und ein Gleichungssystem für die stationären Zustandswahrscheinlichkeiten*

Aus den Bestimmungsstücken eines Bedienungsschemas und einer Familie $(f_{i_j,j})_{i_j \in C_j, j \in J}$ passender Verteilungsdichten läßt sich ein stochastischer Prozeß mit dem Phasenraum $[G, \mathfrak{P}(G)]$ konstruieren. Dieser stochastische Prozeß spiegelt die zeitlichen Veränderungen in dem durch das jeweilige Bedienungsschema repräsentierten Bedienungssystem wider. Sind sämtliche zufälligen Arbeitsmengen $\xi_{i_j,j}$ aktiver Objektzustände passend exponentiell verteilt, d. h.

$$f_{i_j,j}(x) = \begin{cases} \varrho_{i_j,j}\, e^{-\varrho_{i_j,j}x}, & x \geqq 0, \\ 0 & \text{sonst}, \end{cases} \tag{3.2.1}$$

für alle $i_j \in C_j$, $j \in J$, mit den durch das Bedienungsschema gegebenen Größen $\varrho_{i_j,j}$, so ist dieser stochastische Prozeß eine homogene kontinuierliche MARKOWsche Kette mit endlich vielen Zuständen $g \in G$ (vgl. 1.2). Wir nennen ihn den zum Bedienungsschema und zu der Familie $(f_{i_j,j})_{i_j \in C_j,\, j \in J}$ von passenden Exponentialverteilungsdichten gehörenden *Bedienungsprozeß* mit dem Zustandsraum G.

Seine Anfangsverteilungen (zum Zeitpunkt 0) sind identisch mit den Familien $(P_g)_{g\in G}$ nicht negativer reeller Zahlen mit $\sum_{g\in G} P_g = 1$. Für seine stationären Anfangsverteilungen (vgl. 1.2) gilt der

Satz: *Ein Verteilungsgesetz $(P_g)_{g\in G}$ ist genau dann eine stationäre Anfangsverteilung des Bedienungsprozesses mit dem Zustandsraum G, wenn es dem System $\mathbf{Z}$ der Zustandsgleichungen genügt:*

$$\Big(\sum_{j\in J_g} c_{jg}\varrho_{i_j,j}\Big) P_g = \sum_{g'\in G} \sum_{s\in J'_{g'}} c_{sg'}\varrho_{i'_s,s}\, p(g', s, g)\, P_{g'} \qquad \textit{für alle}$$

$$g \in G. \tag{3.2.2}$$

Dieses lineare algebraische Gleichungssystem $\mathbf{Z}$ entspricht dem Gleichungssystem (1.2.20) zur Bestimmung der stationären Zustandswahrscheinlichkeiten. $\mathbf{Z}$ ist Ausdruck eines bestehenden *statistischen Gleichgewichtes* (im stationären Zustand), denn für jeden Zustand $g \in G$ ist die aus ihm insgesamt „herausfließende Wahrscheinlichkeitsmasse“ (linke Seite der Gleichung für g von **Z**) gleich der in ihn von allen in Frage kommenden Zuständen g' „hineinfließenden Wahrscheinlichkeitsmassen“ (rechte Seite der Gleichung für g).

Dabei gilt folgender, praktisch wichtiger

Eindeutigkeitssatz: *Das System* **Z** *der Zustandsgleichungen besitzt dann und nur dann genau eine Lösung mit* $P_g > 0$ *für alle* g *und* $\sum_{g \in G} P_g = 1$, *wenn das Bedienungsschema irreduzibel ist.*

Für praktische Aufgabenstellungen ist zunächst das gegebene Bedienungssystem als ein entsprechendes Bedienungsschema darzustellen. Dabei ist zu beachten, daß die Grobzustände g, wie schon unter V. vermerkt, eine vollständige Beschreibung des jeweiligen Zustandes aller Objekte beinhalten müssen. Interessiert man sich nur für stationäre Wahrscheinlichkeitsaussagen über die Anzahlen derjenigen Objekte, die sich in ein- und demselben Objektzustand befinden (z. B. nur für die Anzahl der belegten Bedienungsapparate, nicht aber deren Nummer), so sind die stationären Zustandswahrscheinlichkeiten P_g für die Grobzustände g mit der entsprechenden Eigenschaft zu addieren. Der Nachweis der Irreduzibilität sowie die Aufstellung des Gleichungssystems **Z** lassen sich auch leicht graphisch durch eine geeignete Darstellung der Zustände analog zu den MARKOW-Graphen in 2.2 vollziehen.

Zur Lösung des Gleichungssystems **Z** gelten die Hinweise zu (1.2.20) in 2.2. Außerdem werden wir im Fall der Unempfindlichkeit der stationären Zustandswahrscheinlichkeiten in Kap. 7 einen weiteren Weg zur Lösung von **Z** angeben.

3.3. Beispiele

Beispiel 1: *Zuverlässigkeitsmodell mit Reparatur*

Wir betrachten ein System aus 3 Geräten mit zufälligen Lebensdauern. Nach Ausfall werden die Geräte in der Reihenfolge ihres Ausfalls repariert, wobei die Reparaturzeiten ebenfalls Zufallsgrößen sind, die wie die Lebensdauern stochastisch unabhängig seien. Die Geräte seien seriell angeordnet und so geschaltet, daß, falls ein Gerät ausfällt, noch arbeitende Geräte mit niederem Index stillgesetzt werden. Gesucht sind die stationären Grobzustandswahrscheinlichkeiten des Systems.

Die Geräte werden als *Objekte* genommen, also $J = \{1, 2, 3\}$. Die Objekte besitzen dann die aktiven Zustände 1 (arbeitend, eingeschlossen ist der Stillstand während einer Unterbrechung), 2 (in Reparatur) sowie die passiven Zustände 0 (Stillstand nach Reparatur), -1 (erste Stelle in der Warteschlange), -2 (zweite Stelle in der Warteschlange).

$$C_j = \{1, 2\}, \quad j = 1, 2, 3; \quad D_1 = \{0\}; \quad D_2 = \{0, -1\}; \quad D_3 = \{-1, -2\}.$$

Die g sind bestimmt durch die Tripel $(i_1\, i_2\, i_3)$, und wir werden sie zur Vereinfachung durchnumerieren:

$$\begin{aligned}
&1: = (111), \quad 4: = (021), \quad 7: = (102), \quad 10: = (21-1),\\
&2: = (211), \quad 5: = (112), \quad 8: = (002), \quad 11: = (2-1-2),\\
&3: = (121), \quad 6: = (012), \quad 9: = (2-11), \quad 12: = (12-1),\\
&13: = (02-1).
\end{aligned}$$

Den Zustandsraum wählen wir also so, daß die *Irreduzibilitäts*bedingung erfüllt ist.

Die *Übergangswahrscheinlichkeiten* $p(g, s, g')$ haben nur Werte Null oder Eins, und zwar:

$$\begin{aligned}
&p(2, 1, 1) = p(3, 2, 1) = p(5, 3, 1) = p(4, 2, 1) = p(6, 3, 1)\\
&= p(7, 3, 1) = p(8, 3, 1) = p(1, 1, 2) = p(1, 2, 3)\\
&= p(9, 1, 4) = p(1, 3, 5) = p(10, 1, 6) = p(12, 2, 7)\\
&= p(13, 2, 8) = p(2, 2, 9) = p(2, 3, 10) = p(9, 3, 11)\\
&= p(3, 3, 12) = p(11, 1, 13) = p(4, 3, 13) = 1,\\
&p(g, s, g') = 0 \text{ sonst}.
\end{aligned}$$

Durch die *Geschwindigkeiten* soll insbesondere der

Unterbrechungseffekt beschrieben werden. Es gilt somit für sie

$$c_{13} = c_{15} = c_{25} = c_{26} = c_{17} = c_{2,10} = c_{1,12} = 0 \text{ und sonst}$$

$$c_{jg} > 0 \quad (j \in J_g).$$

Mit Hilfe der Geschwindigkeiten c_{jg} lassen sich Einwirkungen der Geräte aufeinander, die von den jeweiligen Grobzuständen (Arbeit oder Reparatur) abhängen, beschreiben.

Wir setzen $\varrho_{1j} = \lambda_j$ (= reziproker Erwartungswert der zufälligen Arbeitsmenge), $\varrho_{2j} = \beta_j$ (= reziproker Erwartungswert der zufälligen Reparaturdauer), $j = 1, 2, 3$.

Die Beschreibung des Bedienungsschemas ist damit vollständig gegeben, und offensichtlich sind auch alle geforderten Bedingungen erfüllt.

Das System **Z** besteht aus den Gleichungen

$$\begin{aligned}
&(1)\ c_{11}\lambda_1 + c_{21}\lambda_2 + c_{31}\lambda_3)\, P_1 = c_{12}\beta_1 P_2 + c_{23}\beta_2 P_3 \\
&\qquad + c_{24}\beta_2 P_4 + c_{35}\beta_3 P_5 \\
&\qquad + c_{36}\beta_3 P_6 + c_{37}\beta_3 P_7 \\
&\qquad + c_{38}\beta_3 P_8,
\end{aligned}$$

$$\begin{aligned}
&(2)\ (c_{12}\beta_1 + c_{22}\lambda_2 + c_{32}\lambda_3) P_2 &&= c_{11}\lambda_1 P_1, \\
&(3)\ (c_{23}\beta_2 + c_{33}\lambda_3)\, P_3 &&= c_{21}\lambda_2 P_1, \\
&(4)\ (c_{24}\beta_2 + c_{34}\lambda_3)\, P_4 &&= c_{19}\beta_1 P_9, \\
&(5)\ c_{35}\beta_3 P_5 &&= c_{31}\lambda_3 P_1, \\
&(6)\ c_{36}\beta_3 P_6 &&= c_{1,10}\beta_1 P_{10}, \\
&(7)\ c_{37}\beta_3 P_7 &&= c_{2,12}\beta_2 P_{12}, \\
&(8)\ c_{38}\beta_3 P_8 &&= c_{2,13}\beta_2 P_{13}, \\
&(9)\ (c_{19}\beta_1 + c_{39}\lambda_3) P_9 &&= c_{22}\lambda_2 P_2, \\
&(10)\ c_{1,10}\beta_1 P_{10} &&= c_{32}\lambda_3 P_2, \\
&(11)\ c_{1,11}\beta_1 P_{11} &&= c_{39}\lambda_3 P_9, \\
&(12)\ c_{2,12}\beta_2 P_{12} &&= c_{33}\lambda_3 P_3, \\
&(13)\ c_{2,13}\beta_2 P_{13} &&= c_{1,11}\beta_1 P_{11} + c_{34}\lambda_3 P_4.
\end{aligned}$$

Die eindeutige Lösung von **Z** lautet

$P_1 = a$ (Normierungskonstante, die aus $\sum_{j=1}^{13} P_j = 1$ bestimmt werden kann),

$$P_2 = \frac{c_{11}\lambda_1}{c_{12}\beta_1 + c_{22}\lambda_2 + c_{32}\lambda_3}\, a$$

$$P_3 = \frac{c_{21}\lambda_2}{c_{23}\beta_2 + c_{33}\lambda_3}\, a$$

$$P_4 = \frac{c_{19}\beta_1 c_{22}\lambda_2 c_{11}\lambda_1}{(c_{24}\beta_2 + c_{34}\lambda_3)\,(c_{19}\beta_1 + c_{39}\lambda_3)\,(c_{12}\beta_1 + c_{22}\lambda_2 + c_{32}\lambda_3)}\, a$$

$$P_5 = \frac{c_{31}\lambda_3}{c_{35}\beta_3}\, a$$

$$P_6 = \frac{c_{32}\lambda_3 c_{11}\lambda_1}{c_{36}\beta_3(c_{12}\beta_1 + c_{22}\lambda_2 + c_{32}\lambda_3)}\, a$$

$$P_7 = \frac{c_{33}\lambda_3 c_{21}\lambda_2}{c_{37}\beta_3(c_{23}\beta_2 + c_{33}\lambda_3)}\, a$$

$$P_8 = \frac{[c_{39}\lambda_3(c_{24}\beta_2 + c_{34}\lambda_3) + c_{34}\lambda_3 c_{19}\beta_1]\, c_{22}\lambda_2 c_{11}\lambda_1}{(c_{24}\beta_2+c_{34}\lambda_3)(c_{38}\beta_3)(c_{19}\beta_1+c_{39}\lambda_3)(c_{12}\beta_1+c_{22}\lambda_2+c_{32}\lambda_3)}\, a$$

$$P_9 = \frac{c_{22}\lambda_2 c_{11}\lambda_1}{(c_{19}\beta_1 + c_{39}\lambda_3)\,(c_{12}\beta_1 + c_{22}\lambda_2 + c_{32}\lambda_3)}\, a$$

$$P_{10} = \frac{c_{32}\lambda_3 c_{11}\lambda_1}{c_{1,10}\beta_1(c_{12}\beta_1 + c_{22}\lambda_2 + c_{32}\lambda_3)}\, a$$

$$P_{11} = \frac{c_{39}\lambda_3 c_{22}\lambda_2 c_{11}\lambda_1}{c_{1,11}\beta_1(c_{19}\beta_1 + c_{39}\lambda_3)\,(c_{12}\beta_1 + c_{22}\lambda_2 + c_{32}\lambda_3)}\, a$$

$$P_{12} = \frac{c_{33}\lambda_3 c_{21}\lambda_2}{c_{2,12}\beta_2(c_{23}\beta_2 + c_{33}\lambda_3)}\, a$$

$$P_{13} =$$

$$\frac{[c_{39}\lambda_3(c_{24}\lambda_2 + c_{34}\lambda_3) + c_{34}\lambda_3 c_{19}\beta_1]\, c_{22}\lambda_2 c_{11}\lambda_1}{(c_{24}\beta_2 + c_{34}\lambda_3)\, c_{213}\beta_2(c_{19}\beta_1 + c_{39}\lambda_3)(c_{12}\beta_1 + c_{22}\lambda_2 + c_{32}\lambda_3)}\, a\,.$$

Im Fall exponentieller Lebens- und Reparaturzeiten sind die P_i die gesuchten Grobzustandswahrscheinlichkeiten. Für den Fall beliebiger Verteilungen vgl. 7.5.1.

Beispiel 2: *Kombiniertes Warte-Verlustsystem* M/M/1/m (Intensität des Forderungenstromes: λ, mittlere Bedienungszeit: μ^{-1}), $0 < m < \infty$.

Objekte: O_0 = Forderungenstrom
O_1 = Bedienungsapparat
O_2 = Warteschlange

$J = \{0, 1, 2\}$.

Wir setzen

$$C_0 = \{1\}, \quad C_1 = \{1\}, \quad C_2 = \emptyset, \quad D_0 = \emptyset,$$

$$D_1 = \{0\}, \quad D_2 = \{0, 1, \ldots, m\}.$$

Dabei bedeuten

$i_0 = 1$: Zwischen zwei aufeinender folgenden Forderungenankünften läuft eine Pausenzeit.
$i_1 = 0$: Das Gerät ist frei.
$i_1 = 1$: Das Gerät ist besetzt.
$i_2 = k$: Es warten k Forderungen.

Den *Grobzustand* g des Systems erfassen wir durch die Anzahl der im System befindlichen Forderungen; $G = \{0, 1, \ldots, m + 1\}$.

Die Mengen J_g sind gleich

$$J_g = \begin{cases} \{0\}, & g = 0, \\ \{0, 1\}, & g > 0. \end{cases}$$

Da im Modell M/M/1/m alle Zeiten mit gleicher *Geschwindigkeit* abgebaut werden, setzen wir $c_{0g} = c_{1g} = 1$. Die *Übergangswahrscheinlichkeiten* sind gleich

$$p(g, 0, g') = \begin{cases} 1, \; g < m, \; g' = g + 1 \quad \text{oder} \quad g = g' = m \\ 0, \; \text{sonst} \qquad\qquad (\text{Ankunft}) \end{cases}$$

$$p(g, 1, g') = \begin{cases} 1, \quad g' = g - 1 \quad (g > 0) \\ 0, \quad \text{sonst} \qquad\qquad (\text{Bedienungsende}). \end{cases}$$

Schließlich setzen wir

$$\varrho_{1,0} = \lambda, \qquad \varrho_{1,1} = \mu.$$

Damit ist das *Bedienungsschema* aufgestellt, das, wie man leicht nachprüft, *irreduzibel* ist.

Das Gleichungssystem **Z** (3.2.2) hat die Gestalt

$$\begin{aligned}
\lambda P_0 &= \mu P_1, \\
(\lambda + \mu) P_1 &= \lambda P_0 + \mu P_2, \\
&\dots \\
(\lambda + \mu) P_m &= \lambda P_{m-1} + \mu P_{m+1}, \\
\mu P_{m+1} &= \lambda P_m.
\end{aligned}$$

Seine Lösung, die die *stationären Grobzustandswahrscheinlichkeiten P_i für* M/M/1/m liefert, ist mit $\varrho = \frac{\lambda}{\mu}$ gleich

$$P_i = \frac{(1-\varrho)\varrho^i}{1-\varrho^{m+1}}, \quad i = 0, 1, \ldots, m+1 \quad \text{für} \quad \varrho \neq 1,$$

$$P_i = \frac{1}{m+2}, \quad i = 0, 1, \ldots, m+1 \quad \text{für} \quad \varrho = 1. \tag{3.3.1}$$

Natürlich kann dieses Modell auch mit den Methoden der Geburts- und Todesprozesse behandelt werden.

4. Die Methode der eingebetteten Markowschen Kette

4.0. Vorbemerkungen

Die Methode der eingebetteten MARKOWschen Kette gehört zu den Standardmethoden der Bedienungstheorie. Sie wurde erstmalig 1951 von KENDALL bei der Untersuchung des Modells M/G/1 benutzt. Seitdem sind wohl die meisten einfachen Modelle, auf die die Methode anwendbar ist, mit ihr behandelt worden; eine ausführliche Darstellung der Anwendung dieser Methode auf die verschiedensten Modelle findet man in dem Buch von TAKACS [91], siehe auch [7, 32].

Die Methode ist für manche Modelle analytisch etwas kompliziert und erfordert oft umfangreiche Rechnungen und nicht ganz einfache wahrscheinlichkeitstheoretische Überlegungen. Dafür kann sie aber auch dann benutzt werden, wenn *eine* der das Verhalten der Elemente beschreibenden Verteilungen *nicht exponentiell* ist, und sie ist dann meist einfacher anwendbar als die allgemeine Methode der Zusatzvariablen in Kap. 5.

4.1. Beschreibung der Methode

Der Begriff der eingebetteten Markowschen Kette

Es sei (g_t) ein stochastischer Prozeß mit stetiger Zeit, der nur ganzzahlige Werte aus einer Menge G annimmt. Es möge eine Folge $t_1, t_2, \ldots$ (i. a. zufälliger) Zeitpunkte existieren mit der Eigenschaft, daß der Prozeß (ζ_n)

$$\zeta_n = g_{t_n}, \quad n = 1, 2, \ldots, \tag{4.1.1}$$

eine homogene MARKOWsche Kette mit diskreter Zeit ist, d. h., es gilt für $n = 2, 3, \ldots$

$$\mathscr{P}(\zeta_n = j \mid \zeta_{n-1} = i, \zeta_{n-2} = i_{n-2}, \ldots, \zeta_1 = i_1)$$
$$= \mathscr{P}(\zeta_n = j \mid \zeta_{n-1} = i) = \mathscr{P}(\zeta_2 = j \mid \zeta_1 = i), \tag{4.1.2}$$

wobei $j, i, i_1, \ldots \in G$.

Der Prozeß (ζ_n) heißt *eingebettete* MARKOW*sche Kette zu* (g_t). Der Grundgedanke der Methode der eingebetteten MARKOWschen Kette besteht darin, zu einem gegebenen stochastischen Prozeß, der das Verhalten des untersuchten Modells beschreibt, eine für die interessierenden Fragen geeignete eingebettete MARKOWsche Kette zu konstruieren, diese mit den für MARKOWsche Ketten üblichen analytischen Verfahren zu behandeln und die erhaltenen Ergebnisse (z. B. die stationären Zustandswahrscheinlichkeiten) in die für das Modell gesuchten Systemgrößen umzurechnen. Die Methode besteht also aus folgenden vier Schritten:

1. Bestimmung einer geeigneten Folge von Zeitpunkten (t_n), $0 \leqq t_1 < t_2 < \cdots < \infty$, die es gestattet, eine eingebettete MARKOWsche Kette zu konstruieren.
2. Berechnung der Übergangswahrscheinlichkeiten für die eingebettete MARKOWsche Kette.
3. Berechnung der stationären Verteilung oder anderer Größen für die eingebettete MARKOWsche Kette.
4. Umrechnung der unter Punkt 3 erhaltenen Resultate in die gesuchten Systemgrößen, gegebenenfalls zu anderen Zeitpunkten als den Zeitpunkten t_n.

Der 2. und 4. Schritt sind oft recht kompliziert und erfordern umfangreiche Rechnungen. Für den 1. Schritt kann man eine für Modelle der Bedienungs- und Zuverlässigkeitstheorie günstige allgemeine Regel angeben.

Die übrigen Schritte werden anhand der in 4.2 behandelten Beispiele demonstriert, wobei der 4. Schritt im 2. Beispiel typisch für derartige Rechnungen ist.

Das untersuchte Modell möge die Grobzustände 0, 1, 2, ... besitzen; g_t sei der Grobzustand zur Zeit t.

Zum 1. Schritt

a) Falls alle Verteilungen exponentiell sind, ist (g_t) eine homogene MARKOWsche Kette, und es kann im Prinzip für (t_n) jede beliebige wachsende Folge von Zeitpunkten mit $0 \leqq t_n < \infty$ gewählt werden.

b) Wenn nicht alle das Verhalten der Elemente charakterisierenden Verteilungen exponentiell sind, ist (g_t) keine MARKOWsche Kette. Wenn nur eine der Verteilungen keine Exponentialverteilung ist, dann kann der Systemzustand zur Zeit t durch die Größe ζ_t^*,

$$\zeta_t^* = (g_t, r_t) \qquad (4.1.3)$$

beschrieben werden. Dabei gilt für die *Zusatzvariable* r_t:

r_t = Restzeit der nicht exponentiell verteilten Größe zur Zeit t, falls vorhanden (z. B. Restbedienungszeit, Restpausenzeit);

$r_t = 0$, falls keine derartige Restzeit vorhanden ist (z. B.: keine Forderung wird bedient, es läuft keine Pausenzeit).

Der durch Hinzunahme der Zusatzvariablen konstruierte zweidimensionale stochastische Prozeß $(\zeta_t{}^*)$ ist ein homogener MARKOWscher Prozeß. Somit könnte die Verteilung dieses Prozesses mit der Methode der Zusatzvariablen (vgl. Kap. 5) bestimmt werden, woraus sich die gesuchten stationären Grobzustandswahrscheinlichkeiten P_j, d. h. die stationären Wahrscheinlichkeiten dafür, daß das System im Grobzustand j ist, ermitteln lassen. Dieser Weg läßt sich jedoch für den Fall einer Zusatzvariablen vereinfachen, indem wir den Prozeß $(\zeta_t{}^*)$ nur in bestimmten Zeitpunkten t_n betrachten.

Und zwar sei t_n derjenige Zeitpunkt, in dem die Zusatzvariable r_t zum n-ten Male gleich Null wird. (In den Zeitpunkten t unmittelbar vor t_n sei $r_t > 0$.) Da $(\zeta_t{}^*)_{0 \leq t < \infty}$ homogen und MARKOWsch ist, kann das auch für den Prozeß $(\zeta_{t_n}^*)$ erwartet werden. (Genau genommen gilt das dann, wenn $(\zeta_t{}^*)$ stark MARKOWsch ist. Diese Frage ist für GI/G/1-Systeme in [79] eingehend studiert worden.) Da die zweite Komponente r_{t_n} für alle n gleich Null ist, läßt man sie zweckmäßigerweise weg und erhält die homogene diskrete MARKOWsche Kette $(\zeta_n)_{n=1,2,\ldots}$,

$$\zeta_n = g_{t_n}, \quad n = 1, 2, \ldots \tag{4.1.4}$$

Bei dieser Konstruktion sind die t_n nicht frei wählbar, und es ist leider so, daß es sich oft um Zeitpunkte handelt, die für das untersuchte Modell wenig interessant sind, so daß der 4. Schritt erforderlich wird. Die beschriebene Konstruktion der t_n ist bei mehr als einer nicht exponentiellen Verteilung i. a. nicht anwendbar.

4.2. *Beispiele*

4.2.1. *Untersuchung der Wartezeit und Schlangenlänge des Modells M/G/1*

Beim Modell M/G/1 (Intensität des Forderungenstroms: λ, Bedienungszeitverteilungsfunktion: $B(t)$ mit Erwartungswert m_B) tritt nur eine nicht exponentiell verteilte Größe auf: die Bedienungszeit. Daher ist die Methode der eingebetteten MARKOWschen Kette anwendbar. g_t sei die Anzahl der zur Zeit t im System befindlichen Forderungen. (g_t) ist keine MARKOWsche Kette.

1. Schritt: Die t_n findet man wie folgt: Die Restzeit r_t ist hier die Restbedienungszeit. Diese wird gleich Null, wenn eine Forderung das System verläßt. Also wird gesetzt: t_n = Zeitpunkt, in dem die n-te Forderung das System verläßt (Austrittszeitpunkt).

Diese t_n sind i. a. für das betrachtete System nicht gerade interessante Zeitpunkte, viel wichtiger sind meist die Ankunftszeitpunkte. Daher sind, wenn z. B. Aussagen über den Systemzustand in Ankunftszeitpunkten gewünscht werden, zusätzliche Betrachtungen (im 4. Schritt) notwendig.

2. Schritt: Es sei ζ_n die Anzahl der Forderungen, die unmittelbar nach t_n im System sind, d. h. $\zeta_n = g_{t_n+0}$. Man kann leicht zeigen, daß (ζ_n) eine homogene MARKOWsche Kette ist. p_{ij} sei die von n unabhängige Übergangswahrscheinlichkeit

$$p_{ij} = \mathscr{P}(\zeta_{n+1} = j \mid \zeta_n = i), \quad i, j = 0, 1, 2, \ldots .$$

Bezeichnet man mit k_j die Wahrscheinlichkeit dafür, daß während der Bedienung einer beliebigen Forderung j neue Forderungen eintreffen, so gilt

$$p_{ij} = \begin{cases} k_j \quad , & j = 0, 1, 2, \ldots, \quad i = 0, \\ k_{j-i+1}, & j \geqq i - 1, \quad i = 1, 2, \ldots, \\ 0 \quad , & \text{sonst}. \end{cases} \tag{4.2.1}$$

Da die Forderungen entsprechend einem POISSONschen Forderungenstrom der Intensität λ eintreffen und für diesen die Wahrscheinlichkeit dafür, daß in einem Zeitintervall der Länge t genau j Forderungen eintreffen, gleich

$$e^{-\lambda t} \frac{(\lambda t)^j}{j!}$$

ist, gilt

$$k_j = \int_0^\infty e^{-\lambda t} \frac{(\lambda t)^j}{j!} \, dB(t), \; j = 0, 1, \ldots. \tag{4.2.2}$$

Die erzeugende Funktion $K^*(z)$ der Verteilung (k_j) ist nach (10.2.2.) gleich

$$K^*(z) = \sum_{=0}^{\infty} k_j z^j = B^*(\lambda - \lambda z) \text{ (vgl. (10.2.2))}.$$

Hieraus folgt mit (1.1.21)

$$K^{*\prime}(1) = -\lambda B^{*\prime}(0) = \lambda m_B = \varrho . \tag{4.2.3}$$

3. Schritt: Die eingebettete MARKOWsche Kette ist irreduzibel, aperiodisch und im Fall $\varrho < 1$ ergodisch (Beweis mit Hilfe des Satzes von FOSTER). Es existiert also genau eine stationäre Anfangsverteilung $(\overline{P}_j)$ der Kette, wobei $\overline{P}_j$ die Wahrscheinlichkeit dafür ist, daß im stationären Zustand eine das System verlassende Forderung j Forderungen zurückläßt.

Die $\overline{P}_j$ genügen dem Gleichungssystem

$$\overline{P}_j = \sum_{i=0}^{\infty} p_{ij} \overline{P}_i , \tag{4.2.4}$$

d. h.

$$\overline{P}_0 = k_0(\overline{P}_0 + \overline{P}_1), \; \overline{P}_j = \overline{P}_0 k_j + \sum_{i=1}^{j+1} \overline{P}_i k_{j-i+1} , \; j = 1, 2, \ldots.$$

Für die erzeugende Funktion $\overline{P}^*(z)$ der Verteilung $\overline{P} = (\overline{P}_j)$,

$$\overline{P}^*(z) = \sum_{j=0}^{\infty} z^j \overline{P}_j , \quad |z| < 1 ,$$

gilt also

$$\begin{aligned}\overline{P}^*(z) &= \overline{P}_0 \sum_{j=0}^{\infty} k_j z^j + \sum_{j=0}^{\infty} z^j \sum_{i=1}^{j+1} \overline{P}_i k_{j-i+1} \\ &= \overline{P}_0 K^*(z) + \sum_{i=1}^{\infty} \overline{P}_i z^{i-1} K^*(z) \\ &= \overline{P}_0 K^*(z) + \frac{K^*(z)}{z} (\overline{P}^*(z) - \overline{P}_0),\end{aligned}$$

$$\overline{P}^*(z) = \frac{\overline{P}_0 (1 - z) K^*(z)}{K^*(z) - z}. \tag{4.2.5}$$

In (4.2.5) tritt noch die unbekannte Konstante $\overline{P}_0$ auf. Diese kann mit den folgenden, für das Arbeiten mit erzeugenden Funktionen typischen Rechnungen ermittelt werden.

Es gilt

$$\lim_{z\uparrow 1} \overline{P}^*(z) = \lim_{z\uparrow 1} K^*(z) = 1$$

und

$$\begin{aligned}\lim_{z\uparrow 1} \frac{K^*(z) - z}{1 - z} &= \lim_{z\uparrow 1} \left(\frac{K^*(z) - 1}{1 - z} + \frac{1 - z}{1 - z} \right) \\ &= -K^{*\prime}(1) + 1 = 1 - \varrho,\end{aligned}$$

also folgt aus (4.2.5) für $z \uparrow 1$

$$1 = \frac{\overline{P}_0}{1 - \varrho},$$

$$\overline{P}_0 = 1 - \varrho, \tag{4.2.6}$$

$$\overline{P}^*(z) = \frac{(1 - \varrho)(1 - z) K^*(z)}{K^*(z) - z} = \frac{(1 - \varrho)(1 - z)}{1 - \dfrac{z}{B^*(\lambda - \lambda z)}}. \tag{4.2.7}$$

Die letzte Beziehung heißt *Formel von* POLLACZEK-CHINTSCHIN und ergibt die *erzeugende Funktion* der stationären Verteilung der eingebetteten MARKOWschen

Kette in den Austrittszeitpunkten der Forderungen aus dem System M/G/1 als Funktion der LAPLACE-STIELTJES-Transformierten der Bedienungszeitverteilung.

4. Schritt: a) *Schlangenlänge*

Im betrachteten Modell M/G/1 sind die Wahrscheinlichkeiten P_j^0 dafür, daß im stationären Zustand eine Forderung bei ihrem Eintreffen j andere Forderungen vorfindet, gleich den stationären Wahrscheinlichkeiten $\overline{P}_j$ für das Vorhandensein von j Forderungen im System unmittelbar nach Beendigung einer Bedienung und somit durch (4.2.7) gegeben (vgl. (9.3.8)). Diese beiden „ablauforientierten" Wahrscheinlichkeiten sind wegen der Eigenschaften des POISSONschen Forderungenstroms gleich den stationären Zustandswahrscheinlichkeiten P_j zu einem beliebigen Zeitpunkt.

Der *Erwartungswert* m_L *der Anzahl der im System befindlichen Forderungen* ist gleich

$$m_L = \overline{P}^{*\prime}(1) = \varrho + \frac{\lambda^2 \mu_B{}^2}{2(1-\varrho)} \tag{4.2.8}$$

mit

$$\mu_B{}^2 = \int_0^\infty t^2 \,\mathrm{d}B(t) = m_B{}^2 + \sigma_B{}^2 .$$

b) *Wartezeit*

Es sei W die stationäre Wartezeitverteilungsfunktion und $W^*(s)$ ihre LAPLACE-STIELTJES-Transformierte,

$$W^*(s) = \int_0^\infty \mathrm{e}^{-st} \,\mathrm{d}W(t) .$$

V sei die Verteilungsfunktion der Verweilzeit im stationären Zustand, Verweilzeit = Wartezeit + Bedienungszeit. Da Wartezeit und folgende Bedienungszeit stochastisch unabhängig sind, gilt für die LAPLACE-STIELTJES-Transformierte $V^*(s)$ der Verweilzeitverteilung die Beziehung, vgl. (1.1.27),

$$V^*(s) = W^*(s) \cdot B^*(s) .$$

Die Anzahl der Forderungen, die sich beim Verlassen einer Forderung im System befinden, ist gleich der Anzahl der Forderungen, die während der Verweilzeit der abgehenden Forderung eintrafen. Daher besteht zwischen der Verteilungsfunktion der Verweilzeit und den $\overline{P}_j$ folgender Zusammenhang:

$$\overline{P}_j = \int_0^\infty e^{-\lambda t} \frac{(\lambda t)^j}{j!} \, dV(t). \tag{4.2.9}$$

Ausgehend von (4.2.9) ergibt sich für die erzeugende Funktion $\overline{P}^*(z)$ der Verteilung $(\overline{P}_i)$

$$\overline{P}^*(z) = \sum_{i=0}^\infty z^i \overline{P}_i = \int_0^\infty e^{-\lambda t(1-z)} \, dV(t) = V^*(\lambda - \lambda z)$$
$$= W^*(\lambda - \lambda z) \, B^*(\lambda - \lambda z).$$

Hieraus und aus (4.2.7) folgt

$$W^*(s) = \frac{\overline{P}^*\left(1 - \dfrac{s}{\lambda}\right)}{B^*(s)} = \frac{(1-\varrho)\, s}{s - \lambda + \lambda B^*(s)}. \tag{4.2.10}$$

Unter Berücksichtigung von

$$m_W = -W^{*\prime}(0)$$

erhält man für den *Erwartungswert der Wartezeit* m_W im stationären Zustand

$$m_W = \frac{\lambda \mu_B{}^2}{2(1-\varrho)} = \frac{\lambda(m_B{}^2 + \sigma_B{}^2)}{2(1-\varrho)}. \tag{4.2.11}$$

Für die *Varianz der stationären Wartezeit* gilt

$$\sigma_W{}^2 = \frac{\lambda^2(m_B{}^2 + \sigma_B{}^2)^2}{4(1-\varrho)^2} + \frac{\lambda \mu_B{}^3}{3(1-\varrho)} \tag{4.2.12}$$

mit

$$\mu_B{}^3 = \int_0^\infty t^3 \, dB(t).$$

4.2.2. *Bestimmung der stationären Zustandswahrscheinlichkeiten im Palmschen Mehrmaschinenmodell*

Es wird das PALMsche Mehrmaschinenmodell behandelt, wobei m Maschinen mit exponentiell verteilter störungsfreier Arbeitszeit (Parameter: λ) in der Reihenfolge ihres Ausfalls von einer Reparatureinrichtung repariert werden (Verteilungsfunktion der Reparaturzeit: $R(t)$ mit dem Erwartungswert m_R) und nach Beendigung der Reparatur sofort wieder die Arbeit aufnehmen. Die Arbeits- und Reparaturzeiten seien stochastisch unabhängig.

g_t sei die Anzahl der zur Zeit t arbeitenden Maschinen. (g_t) ist kein MARKOWscher Prozeß, falls nicht $R(t)$ eine Exponentialverteilung ist. Gesucht ist die nach dem Ergodensatz von KOWALENKO (s. 6.1) existierende ergodische stationäre Verteilung $P = (P_j)$ des Prozesses (g_t)

$$P_j = \lim_{t\to\infty} \mathscr{P}(g_t = j), \qquad j = 0, 1, \ldots, m.$$

1. Schritt: Die Restzeit r_t ist hier die Restreparaturzeit. Diese wird gleich Null, wenn eine Reparatur beendet wird. Also wird gesetzt: t_n = Zeitpunkt, in dem die n-te Reparatur beendet wurde.

2. Schritt: Es sei ζ_n die Anzahl der unmittelbar vor dem Zeitpunkt t_n arbeitenden Maschinen, d. h. $\zeta_n = g_{t_n-0}$. Man kann zeigen, daß (ζ_n) eine homogene MARKOWsche Kette ist. Die Übergangswahrscheinlichkeit $p_{ij} = \mathscr{P}(\zeta_{n-1} = j \mid \zeta_n = i)$, $i, j = 0, 1, 2, \ldots, m-1$, ist gegeben durch die Formel

$$p_{ij} = \begin{cases} l_{i+1j}, & j \leqq i+1, \quad i = 0, 1, 2, \ldots, m-2, \\ l_{ij}, & i = m-1, \\ 0, & \text{sonst}, \end{cases} \tag{4.2.13}$$

wobei l_{ij} die Wahrscheinlichkeit dafür ist, daß während der Reparatur einer Maschine j von i arbeitenden Maschinen ausfallen. Es gilt

$$l_{ij} = \int_0^\infty \binom{i}{j} (e^{-\lambda t})^j (1 - e^{-\lambda t})^{i-j} \, dR(t). \tag{4.2.14}$$

Um nicht durch zu komplizierte Rechnungen das Wesentliche zu verdecken, sollen die folgenden Schritte nur für den Spezialfall $m = 2$ demonstriert werden.

3. Schritt: Die eingebettete MARKOWsche Kette (ζ_n) ist irreduzibel und aperiodisch. Da sie nur endlich viele Zustände besitzt, ist sie nach dem Ergodensatz von MARKOW (1.2) auch ergodisch. Ihre stationäre Verteilung $\hat{P} = (\hat{P}_0, \hat{P}_1)$ kann man leicht aus dem Gleichungssystem

$$\begin{aligned} \hat{P}_0 &= p_{00}\hat{P}_0 + p_{10}\hat{P}_1, \\ \hat{P}_1 &= p_{01}\hat{P}_0 + p_{11}\hat{P}_1 \end{aligned} \tag{4.2.15}$$

berechnen. Man erhält

$$\begin{aligned} \hat{P}_0 &= \int_0^\infty (1 - e^{-\lambda t}) \, dR(t), \\ \hat{P}_1 &= \int_0^\infty e^{-\lambda t} \, dR(t), \end{aligned} \tag{4.2.16}$$

($\hat{P}_j$ = Wahrscheinlichkeit dafür, daß im stationären Fall am Ende einer Reparatur j Maschinen arbeiten.)

4. Schritt: Es sei $m_i(t)$ bzw. $n_i(t)$ der Erwartungswert der Anzahl der Übergänge vom Zustand i in den Zustand $i + 1$, $i \to i + 1$, bzw. $i \to i - 1$ im Zeitintervall $(0, t]$. Weil die Zeitabstände zwischen zwei aufeinanderfolgenden Übergängen $i \to i + 1$ $(i = 0, 1)$ identisch verteilte, unabhängige Zufallsgrößen sind, folgt aus dem Satz von SMITH aus der Erneuerungstheorie (vgl. [15, 32]) die Existenz der Grenzwerte

$$\lim_{t \to \infty} \frac{m_i(t)}{t} = m_i, \quad i = 0, 1,$$

wobei m_i^{-1} der Erwartungswert des Zeitabstandes zwischen zwei aufeinanderfolgenden Übergängen $i \to i+1$ ist. Entsprechendes gilt für $n_i(t)$.

Jedem Übergang $1 \to 2$ folgt eine reparaturfreie Periode, deren Länge den Erwartungswert $\frac{1}{2\lambda}$ hat. (Im Zustand 2 arbeiten beide Maschinen, die Verweilzeit in diesem Zustand ist exponentiell mit dem Parameter 2λ verteilt.)

Die danach folgende Reparaturperiode hat den Erwartungswert $m_R \hat{P}_1^{-1}$. Sie besteht nämlich aus einer zufälligen Anzahl $\varkappa$ von Reparaturzeiten $\xi_1, \xi_2, \ldots, \xi_\varkappa$ mit dem Erwartungswert m_R. Der Erwartungswert von $\varkappa$ ist gleich der mittleren Zeit zwischen zwei Berührungen („Rekurrenzzeit") des Zustandes 1 der eingebetteten MARKOWschen Kette (ζ_n), es gilt also

$$\mathscr{E}\varkappa = \hat{P}_1^{-1}.$$

Nach dem WALDschen Lemma (vgl. [43, 48]), ergibt sich für den Erwartungswert der Reparaturperiode

$$\mathscr{E} \sum_{i=1}^{\varkappa} \xi_i = \mathscr{E}\xi_i \mathscr{E}\varkappa = m_R \hat{P}_1^{-1}.$$

Daraus folgt

$$m_1 = \left[\frac{1}{2\lambda} + m_R \hat{P}_1^{-1}\right]^{-1} = \frac{2\lambda}{2\lambda m_R + \hat{P}_1} \hat{P}_1. \tag{4.2.17}$$

Wegen

$$\frac{\hat{P}_1}{\hat{P}_0} = \frac{\lim\limits_{t\to\infty} m_1(t)}{\lim\limits_{t\to\infty} m_0(t)} = \frac{m_1}{m_0}$$

erhält man

$$m_0 = \frac{2\lambda}{2\lambda m_R + \hat{P}_1} \hat{P}_0. \tag{4.2.18}$$

Zwischen den gesuchten stationären Wahrscheinlichkeiten P_i und den Grenzwerten

$$n_i = \lim_{t\to\infty} \frac{n_i(t)}{t}$$

besteht der Zusammenhang

$$n_i = i\lambda P_i\,, \qquad i = 1, 2. \tag{4.2.19}$$

Weil die Wahrscheinlichkeit des Übergangs $i \to i - 1$ in einem Zeitintervall der Länge Δt gleich $i\lambda\,\Delta t$ ist, gilt für die Anzahl $n_i(t)$ der Übergänge von i nach $i - 1$

$$n_i(t + \Delta t) = i\lambda\,\Delta t P_i(t) + o(\Delta t)\,, \qquad i = 1, 2, \tag{4.2.20}$$

wobei $P_i(t)$ die Wahrscheinlichkeit dafür ist, daß zur Zeit t i Maschinen arbeiten,

Aus (4.2.20) ergibt sich die Differentialgleichung

$$n_i'(t) = i\lambda P_i(t)\,,$$

die die Lösung

$$n_i(t) = i\lambda \int_0^t P_i(u)\,\mathrm{d}u$$

hat.

Da sich die Anzahl der Aufwärtssprünge $i - 1 \to i$ und die der Abwärtssprünge $i \to i - 1$ im Zeitintervall $[0, t)$ höchstens um Eins unterscheidet, folgt für alle t

$$|m_{i-1}(t) - n_i(t)| \leqq 1$$

und damit

$$m_{i-1} = n_i\,, \qquad i = 1, 2. \tag{4.2.21}$$

Aus (4.2.17), (4.2.18), (4.2.19) und (4.2.21) ergibt sich

$$P_i = \frac{2\hat{P}_{i-1}}{i(2\lambda m_R + \hat{P}_i)}\,, \qquad i = 1, 2.$$

Damit kann man ausgehend von (4.2.15) und (4.2.16) die P_i berechnen, wobei sich P_0 aus

$$P_0 + P_1 + P_2 = 1$$

ergibt.

Im allgemeinen Fall von m eingesetzten Maschinen gelten die Formeln (vgl. [91]):

$$P_0 = 1 - \sum_{k=1}^{m} P_k,$$

$$P_i = \frac{m\hat{P}_{i-1}}{i[m\lambda m_R + \hat{P}_{m-1}]}, \quad i = 1, 2, \ldots, m. \tag{4.2.22}$$

$$P_i = \sum_{j=i}^{m} (-1)^{j-i} \binom{j}{i} B_j, \quad i = 0, 1, 2, \ldots, m, \tag{4.2.23}$$

$$B_0 = 1,$$

$$B_j = \frac{mC_{j-1}}{j} \frac{\sum\limits_{k=j-1}^{m-1} \binom{m-1}{k} C_k^{-1}}{(1 + mm_R\lambda) \sum\limits_{k=0}^{m-1} \binom{m-1}{k} C_k^{-1}},$$

$$j = 1, 2, \ldots, m,$$

$$C_0 = 1,$$

$$C_j = \prod_{k=1}^{j} \frac{R^*(km_R)}{1 - R^*(km_R)}.$$

5. Die Methode der Zusatzvariablen

5.0. *Vorbemerkungen*

Bei der Untersuchung von Systemen, in denen nicht alle Verteilungsfunktionen exponentiell sind, werden in der Zuverlässigkeits- und Bedienungstheorie sehr oft sogenannte Zusatzvariable benutzt. Sie dienen dazu, die Behandlung eines nicht MARKOWschen Prozesses, der das Verhalten des zu untersuchenden Systems beschreibt, auf die eines homogenen MARKOWschen Prozesses zurückzuführen, was oft vorteilhaft ist. Diese Methode wird seit längerer Zeit benutzt (KOSTEN 1942) und ist seit den fünfziger Jahren (COX 1955) allgemein gebräuchlich.

Schon in Kap. 4 wurden Zusatzvariable benutzt, um die Konstruktion eingebetteter MARKOWscher Ketten zu erleichtern; weitere Anwendungen von Zusatzvariablen zur Untersuchung einer speziellen Klasse von Modellen finden sich in Kap. 6 (stückweise lineare MARKOWsche Prozesse) und zur Prozeßkonstruktion in 7.1.

Im vorliegenden Abschnitt werden zwei analytische Methoden beschrieben, die die Berechnung von Zustandswahrscheinlichkeiten auf die Lösung von Systemen von Differentialgleichungen („Methode der Differentialgleichungen“) oder Integro-Differentialgleichungen („Methode der Integro-Differentialgleichungen“) zurückführen. Diese sind bei nicht zu komplizierten Modellen mit vertretbarem Aufwand lösbar; mit steigender Anzahl der Zustände und der nicht exponentiell verteilten Größen wachsen allerdings die damit verbundenen Schwierigkeiten beträchtlich.

5.1. Beschreibung der Methode der Differential- und Integro-Differentialgleichungen

Es sei g_t der *Grobzustand* eines Systems zur Zeit t. Das System sei so beschaffen, daß (g_t) keine homogene MARKOWsche Kette ist, was z. B. dann der Fall sein wird, wenn nicht alle das Verhalten der Systemelemente beschreibenden Verteilungen Exponentialverteilungen sind. Dann kann die Verteilung der g_t oft so bestimmt werden, daß ein geeigneter homogener MARKOWscher Prozeß (ζ_t) konstruiert und untersucht wird, der so gewählt ist, daß die Verteilung der ζ_t die der g_t mit bestimmt. Dazu werden außer g_t noch weitere Größen in die Zustandsbeschreibung des Systems zum Zeitpunkt t aufgenommen. Wir setzen

$$\zeta_t = (g_t, \xi_t^1, \ldots, \xi_t^{|g_t|}), \qquad 0 \leqq t < \infty. \qquad (5.1.1)$$

Hier sind $\xi_t^1, \ldots, \xi_t^{|g_t|}$ reellwertige Zufallsgrößen, die so gewählt sind, daß (ξ_t) ein homogener MARKOWscher Prozeß ist. $|g_t|$ ist eine nichtnegative ganze Zahl.

Die Größen ξ_t^i, $i = 1, \ldots, |g_t|$, heißen *Zusatzvariable*, $|g_t|$ gibt die Anzahl der Zusatzvariablen im Grobzustand g_t an. Der Prozeß (ζ_t) ist somit ein stochastischer Vektorprozeß zufälliger Dimension mit einer diskreten zufälligen Komponente g_t, die den Grobzustand des Systems zum Zeitpunkt t beschreibt, und $|g_t|$ stetigen Zufallsgrößen $\xi_t^1, \ldots, \xi_t^{|g_t|}$ als Komponenten, die zur Markowisierung dienen.

Damit (ζ_t) ein homogener Markowscher Prozeß ist, werden die Zusatzvariablen entweder als *Restzeiten* der nicht exponentiell verteilten Zeiten vom Zeitpunkt t an bis zum vollständigen Ablauf der betreffenden Zeit (bei der Methode der Differentialgleichungen) gewählt oder als *Alter* der nicht exponentiell verteilten Zeiten seit Beginn ihres Anlaufes bis zum Zeitpunkt t (bei der Methode der Integrodifferentialgleichungen).

Erfaßt man auf diese Art und Weise alle nicht exponentiellen Zeiten, so erreicht man, daß (ζ_t) ein homogener Markowscher Prozeß ist: Kennt man g_t und die ξ_t^i zu einem Zeitpunkt t, so ist es bei sehr vielen Modellen für die weitere Entwicklung des Systems völlig belanglos, wie man zu diesen Werten gelangte (Markow-Eigenschaft).

Für den Prozeß (ζ_t) werden die Funktionen

$$F_g(x_1, \ldots, x_{|g|}; t) = \mathscr{P}(g_t = g; \xi_t^1 < x_1, \ldots, \xi_t^{|g|} < x_{|g|}) \tag{5.1.2}$$

ermittelt. Die gesuchte Verteilung von g_t ergibt sich dann als Randverteilung gemäß

$$P_g(t) = \mathscr{P}(g_t = g) = F_g(\infty, \ldots, \infty; t). \tag{5.1.3}$$

Dieser zunächst recht umständlich erscheinende Weg führt in vielen Fällen zum Ziel, weil man homogene Markowsche Prozesse oft mit einfacheren analytischen Methoden behandeln kann als allgemeinere stochastische Prozesse.

Bei der Methode der Differentialgleichungen verläuft

diese Behandlung ähnlich wie bei der Δt-Methode (vgl. Kap. 2). Man stellt die „Zustandswahrscheinlichkeiten" zur Zeit $t + \Delta t$

$$\mathscr{P}(g_{t+\Delta t} = g;\ \xi^1_{t+\Delta t} < x_1, \ldots, \xi^{|g|}_{t+\Delta t} < x_{|g|}) = F_g(x_1, \ldots, x_{|g|};\ t + \Delta t)$$

durch die „Zustandswahrscheinlichkeiten" zur Zeit t und die zugehörigen Übergangswahrscheinlichkeiten im Zeitintervall $[t, t + \Delta t)$ dar. Dabei ist zu berücksichtigen, wie sich im Zeitintervall $[t, t + \Delta t)$ die Zusatzvariablen verändern und daß „Sprünge" im System (Veränderungen des Grobzustandes g) dann auftreten, wenn Zusatzvariable gleich Null werden oder wenn exponentiell verteilte Zeiten ablaufen.

Auf diese Art und Weise erhält man Systeme von Differenzengleichungen, die man leicht in Systeme von Differentialgleichungen umwandeln kann. Läßt man in letzteren die Zeitvariable t fort und setzt alle Ableitungen nach t gleich Null, so ergibt sich ein Differentialgleichungssystem für die stationäre Verteilung (im Falle ihrer Existenz). Dieses ist dann mit den für Differentialgleichungssystemen üblichen Methoden aufzulösen.

Bei der Methode der Integro-Differentialgleichungen wird i. a. mit den Dichten der Verteilungen (5.1.2) gearbeitet, für die über Differenzengleichungssysteme Integro-Differenzengleichungssysteme aufgestellt werden.

5.2. *Beispiele für die Methode der Differentialgleichungen und der Integro-Differentialgleichungen*

5.2.1. *Doublierung und Erneuerung (Methode der Differentialgleichungen)*

Das zu betrachtende Zuverlässigkeitsmodell besteht aus zwei identischen Elementen. Im Normalfall soll eines der Elemente arbeiten und eines in kalter Reserve sein. Fällt das arbeitende Element aus, so nimmt das Reserveelement sofort die Arbeit auf, während das ausgefallene Element repariert wird. Ist die Reparatur vor dem nächsten Ausfall beendet, so geht das zuerst gestörte Element in die kalte Reserve usw. Andernfalls werden beide Elemente gleichzeitig repariert, und das zuerst wieder arbeitsfähige nimmt den Betrieb auf. Die Arbeits- und Reparaturzeiten seien stochastisch unabhängig.

1. Schritt: *Prozeßkonstruktion, Definition der interessierenden Verteilungsfunktionen*

Der Zustand des Systems zur Zeit t sei g_t, wobei g_t folgende Werte annehmen kann

$$g_t = \begin{cases} 0; \text{ kein Element wird repariert,} \\ 1; \text{ ein Element wird repariert,} \\ 2; \text{ beide Elemente werden repariert.} \end{cases}$$

Die Reparaturzeit der Elemente sei exponentiell verteilt (Parameter: β), die Verteilungsfunktion der Lebensdauer sei $L(x)$; $L(0) = 0$. Falls $L(x)$ keine Exponentialverteilung ist, ist (g_t) keine MARKOWsche Kette. Daher wird der Prozeß (ζ_t),

$$\zeta_t = (g_t, \xi_t),$$

betrachtet, wobei ξ_t die Restlebensdauer der zur Zeit t arbeitenden Maschine ist, falls $g_t < 2$ und sonst entfällt.

Damit ist (ζ_t) homogen und MARKOWsch.

Gesucht sind die stationären Grobzustandswahrscheinlichkeiten

$$\lim_{t\to\infty} \mathscr{P}(g_t = i) = P_i, \quad i = 0, 1, 2.$$

Sie existieren stets und sind unabhängig von der Anfangsverteilung, sofern die Lebensdauer einen endlichen Erwartungswert hat (vgl. Ergodensatz von KOWALENKO, Abschn. 6.1).

Sie werden ermittelt, indem zunächst die Funktionen $F_i(x, t)$ $(i = 0, 1)$ und $F_2(t)$ betrachtet werden,

$$F_i(x, t) = P(g_t = i, \xi_t < x), \quad i = 0, 1,$$
$$F_2(t) \quad = P(g_t = 2).$$

2. Schritt: *Aufstellung eines Systems von Differenzengleichungen mit Randbedingungen*

$$F_0(x, t + \Delta t) = F_0(x + \Delta t, t) - F_0(\Delta t, t) + \beta \Delta t F_1(x + \Delta t, t) + o(\Delta t), \tag{5.2.1}$$

$$F_1(x, t + \Delta t) = (1 - \beta \Delta t)\,[F_1(x + \Delta t, t) - F_1(\Delta t, t)] + F_0(\Delta t, t)\,L(x) + 2\beta \Delta t F_2(t) + o(\Delta t), \tag{5.2.2}$$

$$F_2(t + \Delta t) = (1 - 2\beta \Delta t)\,F_2(t) + F_1(\Delta t, t) + o(\Delta t), \tag{5.2.3}$$

Randbedingungen: $F_0(0, t) = F_0(0, t) = 0,$ (5.2.4)

$$F_0(\infty, t) + F_1(\infty, t) + F_2(t) = 1. \tag{5.2.5}$$

Erläuterungen:

1. Gleichung: Das System ist zur Zeit $t + \Delta t$ im Zustand 0 mit einer Restlebensdauer $< x$, wenn es zur Zeit t entweder im Zustand 0 (die Restlebensdauer muß dann im Intervall $[\Delta t, x + \Delta t)$ liegen) oder im Zustand 1 war, wobei die Reparatur beendet wird (mit Wahrscheinlichkeit $\beta \Delta t$).

2. Gleichung: Das System ist zur Zeit $t + \Delta t$ im Zustand 1 mit einer Restlebensdauer $< x$, wenn es zur Zeit t im Zustand 0 war (mit einer Restlebensdauer $< \Delta t$) und die neu beginnende Lebensdauer kleiner als x ist (mit Wahrscheinlichkeit $L(x)$ ist das der Fall) oder wenn es im Zustand 1 war (mit einer Restlebensdauer zwischen Δt und $x + \Delta t$) und die laufende Reparatur nicht beendet wird (mit Wahrscheinlichkeit $(1 - \beta \Delta t)$) oder wenn es im

Zustand 2 war und eine der Reparaturen beendet wird (mit Wahrscheinlichkeit $2\beta\Delta t$) und die neu beginnende Lebensdauer kleiner als x ist (mit Wahrscheinlichkeit $L(x)$).

3. Gleichung: Das System ist zur Zeit $t + \Delta t$ im Zustand 2, wenn es schon zur Zeit t in diesem Zustand war und ihn nicht verläßt (mit Wahrscheinlichkeit $1 - 2\beta\Delta t$) oder wenn es zur Zeit t im Zustand 1 war und die Restlebensdauer $< \Delta t$ war.

Alle nicht berücksichtigten Wahrscheinlichkeiten sind $o(\Delta t)$.

3. Schritt: TAYLOR-*Entwicklungen und Übergang zu Differentialgleichungssystemen*

Es gilt (alle auftretenden Ableitungen mögen existieren) für $i = 0, 1$

$$F_i(x + \Delta t, t) = F_i(x, t) + \Delta t \frac{\partial}{\partial x} F_i(x, t) + o(\Delta t)$$

und wegen $F_i(0, t) = 0$

$$F_i(\Delta t, t) = \Delta t \frac{\partial}{\partial x} F_i(x, t)\Big|_{x=0} + o(\Delta t).$$

Somit folgt aus (5.2.1)

$$\begin{aligned} &F_0(x, t + \Delta t) - F_0(x, t) \\ &= \Delta t \frac{\partial}{\partial x} F_0(x, t) - \Delta t \frac{\partial}{\partial x} F_0(x, t)\Big|_{x=0} \\ &\quad + \beta \Delta t F_1(x, t) + o(\Delta t). \end{aligned}$$

Division dieser Gleichung durch Δt liefert

$$\begin{aligned} \frac{F_0(x, t + \Delta t) - F_0(x, t)}{\Delta t} &= \frac{\partial}{\partial x} F_0(x, t) - \frac{\partial}{\partial x} F_0(x, t)\Big|_{x=0} \\ &\quad + \beta F_1(x, t) + \frac{o(\Delta t)}{\Delta t}. \end{aligned}$$

Für $\Delta t \to 0$ ergibt sich auf der linken Seite die Ableitung $\frac{\partial}{\partial x} F_0(x, t)$, und der Ausdruck

$$\frac{o(\Delta t)}{\Delta t}$$

strebt nach Definition von $o(\Delta t)$ gegen Null. Somit ergibt sich die partielle Differentialgleichung

$$\frac{\partial}{\partial t} F_0(x, t) = \frac{\partial}{\partial x} F_0(x, t) - \frac{\partial}{\partial x} F_0(x, t)\bigg|_{x=0} + \beta F_1(x, t)$$

und für die stationären Größen $F_i(x,t) = F_i(x)$

$$0 = \frac{\mathrm{d}}{\mathrm{d}x} F_0(x) - \frac{\mathrm{d}}{\mathrm{d}x} F_0(x)\bigg|_{x=0} + \beta F_1(x) \tag{5.2.6}$$

und analog mit $\mathscr{P}(g_t = 2) = P_2$ für alle $t \geqq 0$

$$0 = \frac{\mathrm{d}}{\mathrm{d}x} F_1(x) - \frac{\mathrm{d}}{\mathrm{d}x} F_1(x)\bigg|_{x=0} - \beta F_1(x) + \frac{\mathrm{d}}{\mathrm{d}x} F_0(x)\bigg|_{x=0} \times L(x) + 2\beta L(x)\, P_2, \tag{5.2.7}$$

$$0 = -2\beta P_2 + \frac{\mathrm{d}}{\mathrm{d}x} F_1(x)\bigg|_{x=0}. \tag{5.2.8}$$

Zu dem Differentialgleichungssystem (5.2.6) bis (5.2.8) kommen noch die Randbedingungen

$$F_0(0) = F_1(0) = 0, \tag{5.2.9}$$

$$F_0(\infty) + F_1(\infty) + P_2 = 1 \tag{5.2.10}$$

hinzu.

Um ein Beispiel für die Gestalt der Lösung zu geben, wurde der Fall

$$L(x) = \begin{cases} cx, & 0 \leqq x \leqq c^{-1}, \\ 1, & x > c^{-1}, \end{cases}$$

behandelt. Es ergab sich

$$F_0(x) = F_1(x) = 0, \quad x \leqq 0,$$

$$F_0(x) = \begin{cases} cA\left[2ce^{-\frac{\beta}{c}}(e^{\beta x} - 1) + 2\beta(\beta - c)\,x - c\beta^2x^2\right], \\ 0 \leqq x \leqq c^{-1}, \\ A\left[\beta^2 - 2c\beta + 2c^2\left(1 - e^{-\frac{\beta}{c}}\right)\right], \; x > c^{-1}, \end{cases}$$

$$F_1(x) = \begin{cases} 2c^2A\left[e^{-\frac{\beta}{c}}(1 - e^{\beta x}) + \beta x\right], & 0 \leqq x \leqq c^{-1}, \\ 2cA\left[\beta - c\left(1 - e^{-\frac{\beta}{c}}\right)\right], & x > c^{-1}, \end{cases}$$

also

$$P_0 = F_0(\infty) = A\left[\beta^2 - 2c\beta + 2c^2\left(1 - e^{-\frac{\beta}{c}}\right)\right],$$

$$P_1 = F_1(\infty) = 2cA\left[\beta - c\left(1 - e^{-\frac{\beta}{c}}\right)\right],$$

$$P_2 = c^2A\left(1 - e^{-\frac{\beta}{c}}\right)$$

mit $$A = \left[\beta^2 + c^2\left(1 - e^{-\frac{\beta}{c}}\right)\right]^{-1}.$$

5.2.2. *Das Erlangsche Verlustsystem* M/G/s/0 (*Methode der Integro-Differentialgleichungen nach* Sewastjanow 1957)

Gesucht sind die Wahrscheinlichkeiten P_i dafür, daß sich im stationären Zustand im System M/G/s/0 (Bedienungszeitverteilungsfunktion $B(x)$ mit Erwartungswert m_B, Intensität des Forderungenstroms: λ) i Forderungen aufhalten ($i = 0, 1, \ldots, s$). Der Einfachheit halber wird nur der Fall $s = 2$ durchgerechnet; die Formeln für den allgemeinen Fall werden ohne Beweis angegeben.

Es wird die Methode der Integro-Differentialgleichungen benutzt.

1. Schritt: *Prozeßkonstruktion, Definition der interessierenden Verteilungsfunktionen und -dichten*

Zusatzvariable ξ_t^i sind hier die „Alter" der Bedienungszeiten, d. h. die bis zum Zeitpunkt t bereits verflossenen Bedienungszeiten, der jeweils anwesenden Forderungen i, $1 \leqq i \leqq g_t$; g_t ist gleich der Anzahl der Forderungen im System zur Zeit t.
Abkürzungen:

$$P_0(t) = \mathscr{P}(g_t = 0),$$

$$p_1(x, t)\,\mathrm{d}x = \mathscr{P}(g_t = 1, x \leqq \xi_t^1 \leqq x + \mathrm{d}x),$$

$$p_2(x_1, x_2, t)\,\mathrm{d}x_1\,\mathrm{d}x_2 = \mathscr{P}(g_t = 2, x_1 \leqq \xi_t^1 \leqq x_1 + \mathrm{d}x_1, x_2, \leqq \xi_t^2 \leqq x_2 + \mathrm{d}x_2).$$ [1])

Die Zusatzvariablen ξ_t^1 und ξ_t^2 sollen völlig gleichwertig sein (die Numerierung ergibt sich also nicht durch eine Numerierung der Apparate oder der Reihenfolge des Eintreffens): Das „Alter" jeder bei $g_t = 1$ neu eintreffenden Forderung kommt mit Wahrscheinlichkeit $\frac{1}{2}$ an die erste oder zweite Stelle (x_1 oder x_2). Durch diese Annahme, die die Funktion des Systems in keiner Weise verändert, erreicht man, daß das Problem eine recht elegante Lösung hat.

2. Schritt: *Aufstellung eines Systems von Differenzengleichungen*

Ähnlich wie bei der Methode der Differentialgleichungen werden zunächst Differenzengleichungen, hier allerdings für die gesuchten Wahrscheinlichkeitsdichten, aufgestellt, in denen die Zustandswahrscheinlichkeiten zur Zeit $t + \Delta t$ durch die Zustandswahrscheinlichkeiten zur Zeit t und Übergangswahrscheinlichkeiten ausgedrückt werden. Da nicht die Restbedienungszeiten, sondern die Alter

[1]) Die Existenz der Dichten ist nach [80] gesichert.

betrachtet werden, ist durch die Zusatzvariablen das Ende der Bedienungen im allgemeinen nicht eindeutig festgelegt. Die Wahrscheinlichkeit dafür, daß eine Bedienung, die bereits x Zeiteinheiten andauerte, im Zeitintervall $[x, x + \Delta t)$ beendet wird, ist gleich

$$\frac{B(x + \Delta t) - B(x)}{1 - B(x)},$$

und mit Wahrscheinlichkeit

$$\frac{1 - B(x + \Delta t)}{1 - B(x)}$$

wird sie noch nicht beendet $\left(\text{wobei } „\frac{0}{0} = 0\text{“ gesetzt wird}\right)$.

Damit ergeben sich die folgenden Differenzengleichungen:

$$P_0(t + \Delta t) = (1 - \lambda\Delta t)\, P_0(t) + \int_0^\infty p_1(x_1, t)\, \frac{B(x_1 + \Delta t) - B(x_1)}{1 - B(x_1)}\, \mathrm{d}x_1 + o(\Delta t),$$

$$p_1(x_1, t + \Delta t) = p_1(x_1 - \Delta t, t)\, \frac{1 - B(x_1)}{1 - B(x_1 - \Delta t)}\, (1 - \lambda\Delta t) + 2\int_0^\infty p_2(x_1 - \Delta t, x_2, t)\, \frac{1 - B(x_1)}{1 - B(x_1 - \Delta t)} \times \frac{B(x_2 + \Delta t) - B(x_2)}{1 - B(x_2)}\, \mathrm{d}x_2 + o(\Delta t),$$

$$p_2(x_1, x_2, t + \Delta t) = p_2(x_1 - \Delta t, x_2 - \Delta t, t) \times \frac{1 - B(x_1)}{1 - B(x_1 - \Delta t)}\, \frac{1 - B(x_2)}{1 - B(x_2 - \Delta t)} + o(\Delta t).$$

Diese Gleichungen gelten nur für $x_1, x_2 > \Delta t$. Der Faktor „2“ in der Gleichung für $p_1(x_1, t + \Delta t)$ ergibt sich dadurch, daß entweder die erste oder die zweite Bedienung ablaufen kann, wobei wegen der Gleichberechtigung von x_1 und x_2 aber nur einer der Fälle hingeschrieben zu werden braucht.

3. Schritt: *Übergang zu Systemen von Integro-Differentialgleichungen mit Randbedingungen*

Indem man die Funktionen

$$p_1^*(x_1, t) = \frac{p_1(x_1, t)}{1 - B(x_1)},$$

$$p_2^*(x_1, x_2, t) = \frac{p_2(x_1, x_2, t)}{\bigl(1 - B(x_1)\bigr)\bigl(1 - B(x_2)\bigr)}$$

einführt, in dem obigen Differenzengleichungssystem Differenzenquotienten bildet und den Grenzübergang $\Delta t \to 0$ durchführt, ergibt sich unter Berücksichtigung von

$$\lim_{\Delta t \to 0} \int_0^\infty g(x) \frac{B(x + \Delta t) - B(x)}{\Delta t} \, \mathrm{d}x = \int_0^\infty g(x) \, \mathrm{d}B(x)$$

für beliebiges stetiges und beschränktes $g(x)$ das Integro-Differentialgleichungssystem

$$\frac{\mathrm{d}}{\mathrm{d}t} P_0(t) = -\lambda P_0(t) + \int_0^\infty p_1^*(x_1, t) \, \mathrm{d}B(x_1), \tag{5.2.11}$$

$$\frac{\partial}{\partial t} p_1^*(x_1, t) = -\frac{\partial}{\partial x_1} p_1^*(x_1, t) - \lambda p_1^*(x_1, t) + 2 \int_0^\infty p_2^*(x_1, x_2, t) \, \mathrm{d}B(x_2), \tag{5.2.12}$$

$$\frac{\partial}{\partial t} p_2^*(x_1, x_2, t) = -\frac{\partial}{\partial x_1} p_2^*(x_1, x_2, t) - \frac{\partial}{\partial x_2} p_2^*(x_1, x_2, t). \tag{5.2.13}$$

Aus Stetigkeitsgründen gilt es auch für $x_1, x_2 = 0$.

Für x_1 bzw. $x_2 \leqq \Delta t$ ergeben sich folgende Differenzengleichungen:

$$\mathscr{P}(g_t = 1, 0 \leqq \xi^1_{t+\Delta t} \leqq t) = \lambda \Delta t P_0(t) + o(\Delta t),$$

d. h.

$$p_1(0, t + \Delta t)\, \Delta t = \lambda \Delta t P_0(t) + o(\Delta t),$$

$$\mathscr{P}(g_{t+\Delta t} = 2, x_1 \leqq \xi^1_{t+\Delta t} \leqq x_1 + \mathrm{d}x_1, 0 \leqq \xi^2_{t+\Delta t} \leqq \Delta t)$$

$$= \frac{\lambda \Delta t}{2} \frac{1 - B(x_1 + \Delta t)}{1 - B(x_1)} \mathscr{P}(g_t = 1,$$

$$x_1 - \Delta t \leqq \xi_t^1 \leqq x_1 + \mathrm{d}x_1 - \Delta t),$$

d. h.

$$p_2(x_1, 0, t + \Delta t)\, \Delta t = \frac{\lambda}{2} \frac{1 - B(x_1 + \Delta t)}{1 - B(x_1)} p_1(x_1 - \Delta t, t).$$

Mit $\Delta t \to 0$ erhält man zu den Gleichungen (5.2.11) bis (5.2.13) die Randbedingungen

$$p_1(0, t) = \lambda P_0,$$

$$p_2(x_1, 0, t) = \frac{\lambda}{2} p_1(x_1, t)$$

bzw.

$$p_1^*(0, t) = \lambda P_0, \tag{5.2.14}$$

$$p_2^*(x_1, 0, t) = \frac{\lambda}{2} p_1^*(x_1, t) = \frac{\lambda^2}{2} P_0. \tag{5.2.15}$$

Für die stationären Größen, deren Existenz und Eindeutigkeit nach dem Ergodensatz von SEWASTJANOW [80] gesichert ist,

$$P_0 = \lim_{t \to \infty} P_0(t),$$

$$p_1^*(x_1) = \lim_{t\to\infty} p_1^*(x_1, t),$$

$$p_2^*(x_1, x_2) = \lim_{t\to\infty} p_2^*(x_1, x_2, t),$$

gilt somit das Gleichungssystem

$$0 = -\lambda P_0 + \int_0^\infty p_1(x_1)\,\mathrm{d}B(x_1), \tag{5.2.16}$$

$$0 = -\frac{\mathrm{d}}{\mathrm{d}x_1} p_1^*(x_1) - \lambda p_1^*(x_1) + 2\int_0^\infty p_2^*(x_1, x_2)\,\mathrm{d}B(x_2), \tag{5.2.17}$$

$$0 = -\frac{\partial}{\partial x_1} p_2^*(x_1, x_2) - \frac{\partial}{\partial x_2} p_2^*(x_1, x_2), \tag{5.2.18}$$

$$p_1^*(0) = \lambda P_0, \tag{5.2.19}$$

$$p_2^*(x_1, 0) = \frac{\lambda}{2} p_1^*(x_1). \tag{5.2.20}$$

4. Schritt: *Lösung des Integro-Differentialgleichungssystems*

Die Lösung dieses Systems ist, wie man durch Einsetzen überprüfen kann,

$$p_1^*(x_1) \equiv \lambda P_0,$$

$$p_2^*(x_1, x_2) \equiv \frac{\lambda}{2} P_1 = \frac{\lambda^2}{2} P_0.$$

Hieraus ergibt sich

$$p_1(x_1) = \lambda[1 - B(x_1)]\,P_0, \tag{5.2.21}$$

$$p_2(x_1, x_2) = \frac{\lambda^2}{2}[1 - B(x_1)]\,[1 - B(x_2)]\,P_0 \tag{5.2.22}$$

und für die stationären Zustandswahrscheinlichkeiten

$$P_1 = \int_0^\infty p_1(x_1)\,\mathrm{d}x_1 = \lambda P_0 \int_0^\infty [1 - B(x_1)]\,\mathrm{d}x_1 = \lambda m_B P_0, \tag{5.2.23}$$

$$P_2 = \int_0^\infty \int_0^\infty p_2(x_1, x_2)\,\mathrm{d}x_1\,\mathrm{d}x_2$$

$$= \frac{\lambda^2}{2} P_0 \int_0^\infty [1 - B(x_1)]\,\mathrm{d}x_1 \int_0^\infty [1 - B(x_2)]\,\mathrm{d}x_2$$

$$= \frac{\lambda^2}{2} m_B{}^2 P_0. \tag{5.2.24}$$

Unter Berücksichtigung von (5.2.23) und (5.2.24) kann man für p_1 und p_2 auch schreiben

$$p_1(x_1) = P_1 m_B{}^{-1}[1 - B(x_1)], \tag{5.2.21'}$$

$$p_2(x_1, x_2) = P_2 m_B{}^{-2}[1 - B(x_1)]\,[1 - B(x_2)]. \tag{5.2.22'}$$

Analog gilt für s Bedienungsapparate die Erlang*sche Formel*

$$P_k = \frac{(\lambda m_B)^k}{k!} P_0, \quad k = 1, 2, \ldots, s, \tag{5.2.25}$$

$$P_0 = \left(\sum_{j=0}^{s} \frac{(\lambda m_B)^j}{j!}\right)^{-1}. \tag{5.2.26}$$

Die *Verlustwahrscheinlichkeit* p_v ist gleich P_s.

Diese Wahrscheinlichkeiten sind — bei fixiertem m_B — unabhängig von der Gestalt der Bedienungsverteilung $B(x)$, es liegt eine *Unempfindlichkeitseigenschaft* vor. In Kap. 7 wird eine Methode beschrieben, die es auf relativ einfache Art und Weise ermöglicht, auch für andere Modelle Unempfindlichkeitseigenschaften nachzuweisen. Dabei spielt der sogenannte *Produktansatz* (Trennung der Variablen), der hier in der Form

$$p_k(x_1, \ldots, x_k) = P_k m_B{}^{-k} \prod_{i=1}^{k} [1 - B(x_i)] \tag{5.2.27}$$

auftritt und eine Unabhängigkeitseigenschaft widerspiegelt, eine wesentliche Rolle (vgl. (5.2.22') für den Fall $k = 2$).

Es sei darauf hingewiesen (vgl. [53]), daß die ERLANGsche Formel (5.2.25), (5.2.26) auch dann gültig bleibt, wenn die Bedienungszeiten jedes Bedienungsapparates stochastisch abhängig sind im Sinne stationärer zufälliger Punktprozesse (vgl. 1.3).

Bemerkung: Die Lösung (5.2.25), (5.2.26) kann man natürlich auch mit der Methode der Differentialgleichungen erhalten. Mit den Restbedienungszeiten als Zusatzvariable ergibt sich hier die zu (5.2.27) analoge Lösung

$$F_k(x_1, \ldots, x_k) = P_k m_B^{-k} \prod_{i=1}^{k} \int_0^{x_i} [1 - B(t_i)] \, dt_i .$$

Die Wahl zwischen beiden Methoden ist im wesentlichen eine Frage des Geschmacks. Man sollte ihre Anwendungsmöglichkeiten nicht überschätzen, da die Auflösung der Gleichungssysteme oft praktisch unmöglich ist, sofern man nicht die Struktur der Lösung vorher kennt.

6. Stückweise lineare Markowsche Prozesse, Näherungsverfahren

6.0. *Vorbemerkungen*

Stückweise lineare MARKOWsche Prozesse (im folgenden: SLMP) sind eine von KOWALENKO 1964 konstruierte Klasse homogener MARKOWscher Prozesse, die für die Bedienungs- und Zuverlässigkeitstheorie gleichermaßen wichtig sind, wobei lediglich für einen Teil der das Verhalten der Elemente charakterisierenden Verteilungen gefordert werden muß, daß sie exponentiell sind.

Für SLMP existiert ein Ergodensatz mit leicht überprüfbaren Bedingungen. Die Struktur von SLMP gestattet die Aufstellung von Iterationsformeln und Näherungsverfahren zur Berechnung der Zustandswahrscheinlichkeiten sowohl für den stationären als auch den instationären Fall.

Sie sind sehr gut zur Beschreibung und Untersuchung „großer“ Systeme geeignet.

Ausführlich werden die SLMP in [32] diskutiert; vgl. auch [57].

6.1. *Beschreibung des Modells und Ergodensatz*

Stückweise lineare MARKOWsche Prozesse (ζ_t) sind stochastische Vektorprozesse veränderlicher Dimension der Gestalt

$$\zeta_t = (g_t, \xi_t^1, \ldots, \xi_t^{|g_t|}). \tag{6.1.1}$$

Solche Prozesse traten bereits bei der Methode der Zusatzvariablen in Kap. 5 auf; es handelt sich hier auch um eine spezielle Variante dieser Methode.

Die den *Grobzustand* zur Zeit t charakterisierende Größe g_t nimmt stets Werte aus einer abzählbaren Zustandsmenge G an; die Zusatzvariablen ξ_t^j sind, vom Zeitpunkt t an gerechnet, *Restzeiten* nicht exponentiell verteilter Zufallsgrößen. Sie entsprechen den Größen $\xi_{i_j,j}(t)$ in Kap. 3, sind hier aber nicht einzelnen Objekten und ihren aktiven Objektzuständen fest zugeordnet, sondern für jeden Zustand g_t auf irgendeine, aber vorher festgelegte Weise neu durchnumeriert. Die Numerierung der ξ_t^j kann z. B. folgendermaßen geschehen: In dem untersuchten System seien die Objekte $O_1, O_2, \ldots$ vorhanden. Sofern diese bei Vorliegen von g_t nicht exponentiell verteilte Restzeiten (aktiver Zustände) haben, werden die Restzeiten in der Reihenfolge dieser Objekte und ihrer aktiven Zustände numeriert. (Das Beispiel auf S. 101 zeigt auch eine andere Möglichkeit der Numerierung.) Bezüglich der Veränderungen der g_t und ξ_t^j werden die folgenden Annahmen gemacht:

1. Es gibt genau einen Grobzustand $g = O$ („*Nullzustand*“) mit $|g| = 0$. Dabei bedeutet $|g|$ für jedes $g \in G$ die Anzahl der zugeordneten Zusatzvariablen, d. h. der in g laufenden nicht exponentiell verteilten Zufallsgrößen.

2. Zu jedem $g \neq O$ gibt es einen Vektor $(c_{1g}, \ldots, c_{|g|g})$ mit $0 \leqq c_{jg} < \infty$, so daß die ξ_t^j in g mit der *Geschwindigkeit* c_{jg} abgebaut werden; symbolisch:

$$\frac{\mathrm{d}\xi_t^j}{\mathrm{d}t} = -c_{jg}. \tag{6.1.2}$$

$c_{jg} = 0$ bedeutet also, daß eine zeitweilige Unterbrechung (solange g vorliegt) des Abbaus von ξ_t^j, z. B. einer Bedienungszeit, auftritt (vgl. auch Abb. 6).

3. Wenn die j-te Zusatzvariable gleich Null wird, so geht der Prozeß aus dem ursprünglichen Grobzustand $g \neq O$ mit der *Übergangswahrscheinlichkeit* $p(g, j, g')$ in den Grobzustand g' mit $|g'| = |g| - 1$ über, wobei sich eventuell die Numerierung der Zusatzvariablen verändert („*Abwärtssprung*").

4. Falls sich der Prozeß zur Zeit t im Zustand g befindet, so geht er mit der Wahrscheinlichkeit $\lambda_{gg'}\Delta t + o(\Delta t)$, $0 \leqq \lambda_{gg'} < \infty$, im Zeitintervall $[t, t + \Delta t)$ in den Zustand g', $|g'| > |g|$, über („*Aufwärtssprung*"). Die $\lambda_{gg'}$ sind *Übergangsintensitäten* (vgl. 1.2), und wir setzen

$$\lambda_g = \sum_{g' \in G} \lambda_{gg'}. \tag{6.1.3}$$

Hierbei kommen zu den vorhandenen Restzeiten $\xi_t^1, \ldots, \xi_t^{|g|}$ die „neuen" Restzeiten $\eta_1, \ldots, \eta_{|g'|-|g|}$ hinzu, die von der „Vorgeschichte" des Prozesses, speziell von den ξ_t^i, $i = 1, 2, \ldots, |g|$, stochastisch unabhängig seien und passend eingeordnet werden. Sie haben die gemeinsame $(|g'| - |g|)$-dimensionale *Verteilungsfunktion* $H_{gg'}$,

$$H_{gg'}(x_1, \ldots, x_{|g'|-|g|}) = \mathscr{P}(\eta_1 < x_1, \ldots, \eta_{|g'|-|g|} < x_{|g'|-|g|}), \tag{6.1.4}$$

die nur von g und g' abhängt und zu der eine Dichte existieren möge. Mit $\overline{H}_{gg'}(x_1, \ldots, x_{|g'|-|g|})$ wird die Wahrscheinlichkeit

$$\mathscr{P}(\eta_1 \geqq x_1, \ldots, \eta_{|g'|-|g|} \geqq x_{|g'|-|g|})$$

bezeichnet.

Unter diesen Voraussetzungen ist (ζ_t) ein homogener MARKOWscher Prozeß, zu dessen vollständiger Beschreibung natürlich noch die Anfangsverteilung zur Zeit $t = 0$ benötigt wird.

Sehr viele Modelle der Bedienungs- und Zuverlässigkeitstheorie lassen sich durch SLMP beschreiben, vgl. [32].

Beispiel: Es wird das Modell M/G/s mit der Bedienungszeitverteilungsfunktion $B(x)$ und der Intensität λ des Forderungenstromes betrachtet. g_t sei die Anzahl der zur Zeit t im System befindlichen Forderungen, ξ_t^j die Restbedienungszeit derjenigen Forderung, die unter den im System anwesenden als j-te eingetroffen ist; $|g_t| = g_t$.

Nullzustand: leeres System, $g_t = O$.

Abbaugeschwindigkeiten:

$$c_{jg} = \begin{cases} 1, & 1 \leqq j \leqq \min(g, s), \\ 0, & s < j < g. \end{cases}$$

(Die ersten $\min(g, s)$ Forderungen werden bedient, alle übrigen müssen warten, d. h., ihre Bedienungszeiten werden (zunächst) nicht abgebaut.)

Übergangswahrscheinlichkeiten: Für $1 \leqq j \leqq \min(g, s)$ ist

$$p(g, j, g') = \begin{cases} 1, & g' = g - 1, \ g = 1, 2, \ldots, \\ 0, & \text{sonst.} \end{cases}$$

(Unmittelbar nach dem Ende einer Bedienung befindet sich eine Forderung weniger im System als zuvor.)

Übergangsintensitäten:

$$\lambda_{gg'} = \begin{cases} \lambda, & g' = g + 1, \\ 0, & \text{sonst,} \end{cases}$$

$H_{gg+1}(x) = B(x)$.

Man erkennt, daß alle Bedingungen dafür erfüllt sind, daß (ζ_t),

$$\zeta_t = (g_t, \xi_t^1, \ldots, \xi_t^{g_t})$$

ein SLMP ist.

Nach neueren Untersuchungen [30, 93] bleiben wichtige Resultate für SLPM, nämlich der Ergodensatz und die

Iterationsformeln in 6.2, sinngemäß erhalten, wenn folgende Abschwächungen der Forderungen 1 bis 4 zugelassen werden:

a) Es darf mehrere Nullzustände geben;

b) bei den „Aufwärtssprüngen" und „Abwärtssprüngen" dürfen auch vorher vorhandene Zusatzvariable wegfallen;

c) die Abstände zwischen Aufwärtssprüngen können beliebig verteilt sein.

Die *Verteilungen von SLMP* werden wie bei den Prozessen bezeichnet, die bei der Methode der Zusatzvariablen untersucht wurden:

$$F_g(\boldsymbol{x}, t) = F_g(x_1, \dots, x_{|g|}; t) :$$
$$= \mathscr{P}(g_t = g; \xi_t^1 < x_1, \dots, \xi_t^{|g|} < x_{|g|}),$$
$$P_g(t) = \mathscr{P}(g_t = g) = F_g(+\infty, \dots, +\infty; t).$$

Außerdem wird die Bezeichnungsweise

$$\bar{F}_g(\boldsymbol{x}, t) = \bar{F}_g(\boldsymbol{x}_1, \dots, \boldsymbol{x}_{|g|}; t) :$$
$$= \mathscr{P}(g_t = g, \xi_t^1 \geqq \boldsymbol{x}_1, \dots, \xi_t^{|g|} \geqq \boldsymbol{x}_{|g|})$$

benutzt. In den Symbolen für die entsprechenden stationären Wahrscheinlichkeiten wird „; t" weggelassen. Die Existenz stationärer Wahrscheinlichkeiten ist in vielen Fällen durch den folgenden Ergodensatz nachweisbar.

Ergodensatz von KOWALENKO: *Es sei* (ζ_t) *ein SLMP mit endlich vielen Grobzuständen* (G *endlich*) *und*

$$\sum_{j=1}^{|g|} c_{jg} > 0, \quad \textit{für alle} \quad g \in G, \quad g \neq O. \tag{6.1.5}$$

Für alle bei Aufwärtssprüngen neu auftretenden Zusatzvariablen η_j *gelte*

$$\mathscr{E}\eta_j < \infty. \tag{6.1.6}$$

Dann existiert eine eindeutig bestimmte stationäre Verteilung $F_g(\boldsymbol{x})$ des Prozesses, so daß

$$\lim_{t\to\infty} F_g(\boldsymbol{x}, t) = F_g(\boldsymbol{x}), \qquad \sum_{g\in G} F_g(\infty) = 1$$

für beliebige Anfangsverteilungen gilt.

Die Bedingung (6.1.5) besagt, daß in jedem Grobzustand $g \neq O$ wenigstens eine Zusatzvariable abgebaut wird.

6.2. *Iterationsformeln und Näherungsverfahren*

Satz: *Für die Funktionen $\bar{F}_g(\boldsymbol{x})$ eines ergodischen SLMP gilt*

$$\bar{F}_g(\boldsymbol{x}) = \sum_{n=1}^{\infty} F_g^{(n)}(\boldsymbol{x}), \qquad g \neq O, \tag{6.2.0}$$

mit

$$F_g^{(1)}(\boldsymbol{x}) = P_0\lambda_{0g} \int_0^\infty e^{-\lambda_g t}\, \bar{H}_{0g}\left(x_1 + c_{1g}t, \ldots, x_{|g|} + c_{|g|g}t\right) dt, \tag{6.2.1}$$

$$\begin{aligned} F_g^{(n)}(\boldsymbol{x}) = {} & \sum_{|g'|<|g|} \lambda_{g'g} \int_0^\infty e^{-\lambda_g t}\, F_{g'}^{(n-1)}\left(x_1 + c_{1g}t, \ldots, x_{|g'|} + c_{|g'|g}\, t\right) \\ & \times \bar{H}_{g'g}\left(x_{|g'|+1} + c_{|g'|+1g}t, \ldots, x_{|g|} + c_{|g|g}t\right) dt \\ & - \sum_{|g'|=|g|+1} \sum_{j=1}^{|g|+1} p(g', j, g)\, c_{jg'} \int_0^\infty e^{-\lambda_g t} \frac{\partial}{\partial u} \\ & \times \Big[F_g^{(n-1)}(x_1 + c_{1g}t, \ldots, x_{j-1} + c_{j-1g}t, u, x_j \\ & + c_{jg}t, \ldots, x_{|g|} + c_{|g|g}t)\Big]_{u=0} dt \end{aligned} \tag{6.2.2}$$

für $n > 1$.

B e w e i s s k i z z e (vgl. [32], S. 182): Zum Verständnis der Formeln ist die folgende inhaltliche Deutung der $F_g^{(n)}(\boldsymbol{x})$ eine gute Hilfe: $F_g^{(n)}(\boldsymbol{x})$ ist die Wahrscheinlichkeit dafür, daß sich der Prozeß im Grobzustand g befindet, daß die Zusatzvariablen größer gleich $x_1, x_2, \ldots, x_{|g|}$ sind und daß der Prozeß im *n-ten Zyklus* ist. Die Zyklus-Nummern werden wie folgt festgelegt: Der Prozeß befindet sich im ersten Zyklus, nachdem er einen Grobzustand $g \neq O$ unmittelbar ausgehend vom Nullzustand erreicht hat; er geht in den zweiten Zyklus über, wenn durch einen Aufwärts- oder Abwärtssprung ein neuer Grobzustand eintritt usw. Kehrt der Prozeß in O zurück, so wird das Zählen der Zyklen beendet und beginnt gegebenfalls von vorn.

(6.2.1) gibt die Wahrscheinlichkeit dafür an, daß der Prozeß im Zustand g im ersten Zyklus ist und daß die Zusatzvariablen größer gleich $x_1, \ldots, x_g$ sind. Diese ist gleich der Summe (über alle t) der Wahrscheinlichkeiten dafür, daß vor t Zeiteinheiten in einem Intervall der Länge dt der Aufwärtssprung stattfand (λ_{0g}dt) und daß kein neuer Sprung auftritt ($e^{-\lambda_g t}$) sowie daß die beim Aufwärtssprung entstehenden Zusatzvariablen so groß sind, daß sie nach t Zeiteinheiten unter Berücksichtigung der Abbaugeschwindigkeiten c_{jg} noch größer als $x_1, x_2, \ldots, x_{|g|}$ sind. In (6.2.2) sind bei der Berechnung der Wahrscheinlichkeit dafür, daß der Prozeß im n-ten Zyklus im Grobzustand g mit Zusatzvariablen größer als $x_1, \ldots, x_g$ ist, zwei Fälle berücksichtigt: 1., daß der Prozeß durch einen Aufwärtssprung in den Zustand g gelangte und 2., daß der Übergang durch das Ablaufen einer Zusatzvariablen, also durch einen Abwärtssprung, erfolgte.

Man kann ohne große Mühe ganz ähnliche Iterationsformeln für die Berechnung der zeitabhängigen Zustandswahrscheinlichkeiten angeben. Diese ermöglichen die analytische Lösung zeitabhängiger Probleme auch in solchen Fällen, in denen nicht alle Verteilungsfunktionen Exponentialverteilungen sind; praktische Erfahrungen mit dieser Methode zeigen allerdings, daß die Rechnungen ziemlich mühevoll sind und viele Glieder der Iterationsformeln benutzt werden müssen, wenn hinreichend genaue Ergebnisse erzielt werden sollen.

Mittels (6.2.0) bis (6.2.2) kann die stationäre Lösung

exakt und näherungsweise bestimmt werden. Die Benutzung der Formeln zur Bestimmung der exakten Lösungen empfiehlt sich vor allem dann, wenn das zu untersuchende Modell die Eigenschaft hat, daß die größtmögliche Zyklus-Nummer kleiner als eine endliche Zahl K ist, (6.2.0) also nur endlich viele Glieder hat.

Bei den Näherungsverfahren wird die Iteration nach endlich vielen Schritten abgebrochen. Die Anwendung dieser Methode ist besonders dann zweckmäßig, wenn die „*Belastung des Systems klein*" ist, d. h., wenn die $\lambda_{gg'}$ im Vergleich zu den reziproken Erwartungswerten der η_i (der „frischen" Zusatzvariablen) sehr klein sind.

Der einfachste Weg besteht darin, eine feste Zyklus-Nummer vorzugeben, bis zu der gerechnet werden soll. Etwas komplizierter, aber genauer ist folgender Weg:

Die $\lambda_{gg'}$ mögen die Gestalt

$\lambda_{gg'} = k_{gg'}\varepsilon$ (ε klein, $k_{gg'}^{-1}$ in der Größenordnung der $\mathscr{E}\eta_j$) haben. Die geforderte Genauigkeit möge ein Weglassen aller Glieder der Größenordnung $\varepsilon^M, \varepsilon^{M+1}, \ldots$ gestatten. Dann werden nur die Glieder, die kleinere ε-Potenzen als ε^M enthalten, bestimmt und in (6.2.0) eingesetzt.

In 6.3 wird für das zweite Näherungsverfahren ein Beispiel durchgerechnet.

6.3. *Anwendungsbeispiel für ein Näherungsverfahren*

Es wird das *Palmsche Mehrmaschinenmodell* (vgl. 4.2.2) mit m Maschinen ($m > 2$) und einer Reparatureinheit betrachtet. Die Arbeitszeit der Maschinen bis zu einem Ausfall sei exponentiell mit dem Parameter λ verteilt, die Reparaturzeiten mögen die Verteilungsfunktion $R(x)$ besitzen; die Maschinen werden in der Reihenfolge ihres Ausfalls repariert. Dieses Modell kann durch einen SLMP beschrieben werden:

g_t = Anzahl der gestörten Maschinen; $|g_t| = g_t$;
ξ_t^j = Restreparaturzeit der j-ten gestörten Maschine;
Nullzustand: alle Maschinen sind in Betrieb;

Abbaugeschwindigkeiten:

$$c_{jg} = \begin{cases} 1, & j = 1, \\ 0, & \text{sonst}, \end{cases} \quad g \neq O.$$

Übergangswahrscheinlichkeiten:

$$p(g, j, g') = \begin{cases} 1, & g' = g - 1, \\ 0, & \text{sonst}. \end{cases} \quad g \neq O,$$

Übergangsintensitäten:

$$\lambda_{gg'} = \begin{cases} (m - g)\lambda, & g' = g + 1 \\ 0, & \text{sonst} \end{cases}, \boldsymbol{\lambda} = \boldsymbol{\varepsilon},$$

$$H_{gg+1}(x) = R(x).$$

Es sollen nur die Glieder bis zur Größenordnung ε^2 berücksichtigt werden, d. h. $M = 3$.

Der Prozeß verhält sich nach Verlassen des Nullzustandes wie folgt:

Er geht zunächst durch einen Aufwärtssprung in den Zustand 1 über; nur in diesem kann er sich im 1. Zyklus befinden.

Vom Zustand 1 aus kann durch einen Aufwärtssprung der Zustand 2 und durch einen Abwärtssprung der Nullzustand erreicht werden; da bei Rückkehr in den Nullzustand das Zählen der Zyklen aufhört, kann der Prozeß im 2. Zyklus nur im Zustand 2 sein.

Ausgehend vom Zustand 2 kann der Prozeß durch einen Aufwärtssprung in den Zustand 3 und durch einen Abwärtssprung in den Zustand 1 gelangen; nur in diesen beiden Zuständen kann er sich also im 3. Zyklus aufhalten.

Da jeder Aufwärtssprung des Prozesses entsprechend den Iterationsformeln (6.2.1) und (6.2.2) eine Multiplikation der Größen $F_g^{(n)}(\boldsymbol{x})$ mit ε nach sich zieht, bei Abwärtssprüngen aber die bereits erreichten ε-Potenzen erhalten bleiben, erkennt man also, daß nur die Funktionen

$$F_1^{(1)}(x_1) \sim \varepsilon,$$
$$F_2^{(2)}(x_1, x_2) \sim \varepsilon^2,$$
$$F_1^{(3)}(x_1) \sim \varepsilon^2$$

berücksichtigt zu werden brauchen.

Ausgehend von (6.2.1) und (6.2.2) erhält man:

$$F_1^{(1)}(x_1) = P_0 m\varepsilon \int_0^\infty \mathrm{e}^{-(m-1)\varepsilon t} R(x_1 + t)\,\mathrm{d}t = \varepsilon P_0 \varphi_1^{(1)}(x_1),$$

$$F_2^{(2)}(x_1, x_2) = (m-1)\,P_0\,\varepsilon^2 \int_0^\infty \mathrm{e}^{-(m-2)\varepsilon t} \varphi_1^{(1)}(x_1 + t)\,R(x_2)\,\mathrm{d}t$$
$$= \varepsilon^2 P_0 \varphi_2^{(2)}(x_1, x_2),$$

$$F_1^{(3)}(x_1) = -\,P_0\,\varepsilon^2 \int_0^\infty \mathrm{e}^{-(m-1)\varepsilon t} \frac{\partial}{\partial u} [\varphi_2^{(2)}(u, x_1 + t)]_{u=0}\,\mathrm{d}t$$
$$= \varepsilon^2 P_0 \varphi_1^{(3)}(x_1).$$

Für die stationären Zustandswahrscheinlichkeiten P_i,

$$P_i = \lim_{t\to\infty} \mathscr{P}(g_t = i), \quad i = 0, 1, \ldots, m,$$

ergeben sich entsprechend (6.2.0) die Näherungswerte

$$\tilde{P}_1 \approx F_1^{(1)}(0) + F_1^{(2)}(0) = \varepsilon P_0 \varphi_1^{(3)}(0), \tag{6.2.3}$$

$$\tilde{P}_2 \approx F_2^{(2)}(0, 0) = \varepsilon^2 P_0 \varphi_2^{(2)}(0, 0), \tag{6.2.4}$$

$$\tilde{P}_i \approx 0 \quad , \quad i = 3, 4, \ldots. \tag{6.2.5}$$

Ein Näherungswert $\tilde{P}_0$ für P_0, der auch zur Berechnung der $\tilde{P}_i$ nach (6.2.3) und (6.2.4) benutzt wird, ist durch

$$\tilde{P}_0 \approx \left[1 + \varepsilon\varphi_1^{(1)}(0) + \varepsilon^2\left(\varphi_1^{(3)}(0) + \varphi_2^{(2)}(0,0)\right)\right]^{-1} \tag{6.2.6}$$

gegeben.

Für den Fall konstanter Reparaturzeiten (Erwartungswert = 1) werden in Tabelle 3 für $m = 4$ die exakten P_i — sie wurden nach (4.2.23) berechnet — mit den Näherungswerten $\tilde{P}_i$ verglichen. Man stellt für kleine ε-Werte eine gute Genauigkeit fest.

Tabelle 3

i	$\varepsilon = \lambda = 0{,}1$		$\varepsilon = \lambda = 0{,}01$	
	P_i	$\tilde{P}_i$	P_i	$\tilde{P}_i$
0	0,52	0,68	0,97	0,95
1	0,26	0,29	0,03	0,05
2	0,08	0	0,00	0,00
3	0,05	0	0,00	0
4	0,07	0	0,00	0

7. Unempfindlichkeitsprüfung von stationären Zustandswahrscheinlichkeiten

7.0. Vorbemerkungen

Es gibt eine Reihe von Bedienungssystemen, für die die stationären Grobzustandswahrscheinlichkeiten unverändert bleiben, wenn man von Exponentialverteilungen für Bedienungs- und Pausenzeiten usw. zu beliebigen anderen Verteilungen mit den gleichen Erwartungswerten übergeht, d. h. für die die stationären Grobzustandswahrscheinlichkeiten bei festen Erwartungswerten gegenüber der Form der das Verhalten der Systemelemente beschreibenden Verteilungen unempfindlich sind. (Am Schluß von Kap. 5 haben wir mit dem ERLANGschen Verlustsystem bereits ein Beispiel dafür kennengelernt.) Für ein vorgegebenes Bedienungssystem ist es nun von großem praktischem Interesse zu wissen, ob seine stationären Grobzustandswahrscheinlichkeiten und die sich daraus ergebenden Systemkenngrößen in diesem Sinn unempfindlich sind oder nicht. Einerseits vereinfachen sich dann statistische Untersuchungen zur Gewinnung von Ausgangsgrößen (Schätzung von Erwartungswerten anstelle von Verteilungen), andererseits kann die Berechnung der gesuchten Größen mit Hilfe der Methoden von Kap. 2 und 3 erfolgen, indem man annimmt, daß die im Modell auftretenden Verteilungen Exponentialverteilungen sind.

Im Prinzip könnte man die Unempfindlichkeitsprüfung mit der Methode der Zusatzvariablen durchführen, wie es im Beispiel 5.2.2 für die Größen P_k erfolgte. Wie dort, so ist es auch bei den meisten anderen Bedienungssystemen nicht gerade einfach, das System von Integro-Differentialgleichungen bzw. partiellen Differentialgleichungen aufzustellen und zu lösen. Daher ist es wichtig, daß es ein rein *algebraisches Verfahren* zur Prüfung der stationären Grobzustandswahrscheinlichkeiten auf Unempfindlichkeit gibt. Es wurde 1960/61 unabhängig voneinander von Matthes und Kowalenko für bestimmte Klassen von Bedienungssystemen entwickelt (vgl. [32, 53, 54]) und in [51, 52] auf weitere Klassen von Systemen der Bedienungs- und Zuverlässigkeitstheorie ausgedehnt. Bei diesem Verfahren, das im vorliegenden Abschnitt ohne Beweis beschrieben wird, stellt man das Bedienungssystem als Bedienungsschema im Sinne von Kap. 3 dar, prüft gewisse Voraussetzungen und stellt ein lineares algebraisches Gleichungssystem auf. Genau dann, wenn dieses Gleichungssystem eine positive Lösung besitzt, sind die stationären Grobzustandswahrscheinlichkeiten unempfindlich, und die Lösung des Gleichungssystems stellt gerade diese Wahrscheinlichkeiten dar. Dieser Weg ist, auch wenn das Gleichungssystem in allgemeiner Form etwas kompliziert erscheint, einfacher als der über die Methode der Zusatzvariablen.

Es sei noch erwähnt, daß das Vorliegen der Unempfindlichkeitseigenschaft der Grobzustandswahrscheinlichkeiten auch unter Abschwächung der Unabhängigkeitsforderungen an die auftretenden Zufallsgrößen, mit Hilfe der Theorie der zufälligen Punktprozesse, nachgeprüft werden kann [53, 54].

7.1. *Bedienungsprozeß und stationäre Zustandswahrscheinlichkeiten*

Ausgangspunkt unserer Untersuchungen ist die Darstellung des untersuchten Systems in Form eines Bedienungsschemas gemäß 3.1 mit endlichem G, wobei wir in diesem Abschnitt zusätzlich fordern, daß bei einem von O_s ausgelösten Sprung im System keine aktiven Objektzustände anderer Objekte abgebrochen werden, d. h., es soll für alle $g, g' \in G$ gelten $p(g, s, g') = 0$, falls $i_j \neq i_j'$ für $i_j \in g, i_j' \in g', j \in J_g \setminus \{s\}$, und es soll außerdem kein i_j mit $i_j = i_j'$ und $j \in J_g \setminus \{s\}$ nach dem Sprung von g nach g' neu beginnen.

Sind die den aktiven Objektzuständen $i_j \in C_j$ zugeordneten Verteilungsdichten $f_{i_j,j}$ (vgl. 3.2) der zufälligen Arbeitsmengen $\xi_{i_j,j}$ nicht sämtlich exponentiell, so ist der in 3.2 angegebene stochastische Prozeß mit dem Phasenraum $[G, \mathfrak{P}(G)]$, der die Grobzustände g erfaßt, nicht Markowsch. Die stationären Grobzustandswahrscheinlichkeiten ergeben sich i. a. nicht aus **Z.** Um streng sagen zu können, was bei beliebigen Verteilungsdichten $f_{i_j,j}$ die stationären Grobzustandswahrscheinlichkeiten sind, deren Unempfindlichkeit wir prüfen wollen, ist ein Bedienungsprozeß mit einem gegenüber G erweiterten Zustandsraum zu konstruieren. Es wird dazu der schon aus Kap. 5 bekannte Weg der Markowisierung durch Zusatzvariable beschritten. Für einen gegebenen Grobzustand $g = (i_j)$ zur Zeit $t > 0$ definieren wir für jedes Objekt O_j mit dem Objektzustand i_j auf folgende Weise einen *Objektfeinzustand* a_j

$$a_j := \begin{cases} i_j & \text{für} \quad i_j \in D_j, \\ [i_j, t_j] & \text{für} \quad i_j \in C_j \end{cases}$$

mit $t_j \geqq 0$ und $F_{i_j,j}(t_j) < 1$. Für aktive Objektzustände i_j hat die Zusatzvariable t_j die Bedeutung der bis zum Zeitpunkt t für i_j schon realisierten Arbeitsmenge.

Eine Familie $a := (a_j)$ bildet einen zum Grobzustand g

möglichen Feinzustand des Systems. Für ein gegebenes $g = (i_j)$ ist die Menge $A_g := \{a : a = (a_j)\}$ die *Menge aller möglichen Feinzustände mit dem Grobzustand g*.

Als *Zustandsraum* wählen wir $A := \bigcup_{g \in G} A_g$, die Menge aller möglichen Feinzustände des Bedienungsschemas. Mit Hilfe der Abbildung $a = (a_j) \to (t_j)_{j \in J_g}$ kann man für $a \in A_g$ die Topologie der offenen Mengen des $|J_g|$-dimensionalen euklidischen Raumes auf A_g übertragen. Dadurch wird eine geeignete σ-Algebra $\mathfrak{A}$ von Teilmengen von A erzeugt, und wir können aus den Bestimmungsstücken des Bedienungsschemas und den gegebenen Verteilungsdichten $f_{i_j,j}$ einen homogenen Markowschen Prozeß mit dem Phasenraum $[A, \mathfrak{A}]$ konstruieren (vgl. 1.2). Wir nennen ihn den *zum Bedienungsschema mit der Familie* $(f_{i_j,j})_{i_j \in C_j,\, j \in J}$ *von Verteilungsdichten gehörenden Bedienungsprozeß*.

Sind einige der $f_{i_j,j}$ Dichten von Exponentialverteilungen, so ist es wegen der Eigenschaft der Gedächtnislosigkeit der Exponentialverteilung (vgl. (1.1.11)) zur Markowisierung des stochastischen Prozesses natürlich nicht erforderlich, für die betreffenden aktiven Objektzustände i_j die Zusatzvariable t_j in die Definition von a_j aufzunehmen. Wir setzen im folgenden voraus, daß der Bedienungsprozeß diese überflüssigen Zusatzvariablen nicht enthält.

Ist P eine stationäre Anfangsverteilung (vgl. 1.2) des Bedienungsprozesses, dann sind die $P(A_g)$ stationären Wahrscheinlichkeiten für die Grobzustände $g \in G$, deren Unempfindlichkeit gegenüber der Form der Verteilungsdichten $f_{i_j,j}$ bei festen Erwartungswerten $\varrho_{i_j,j}^{-1}$ wir prüfen wollen. Wir setzen voraus, daß der Bedienungsprozeß genau eine stationäre Anfangsverteilung besitzt.

7.2. *Eine Unempfindlichkeitseigenschaft*

Grob gesagt, besteht die betrachtete Unempfindlichkeitseigenschaft der stationären Grobzustandswahrscheinlichkeiten darin, daß die $P(A_g)$ mit den Lösungen P_g des

Gleichungssystems **Z** aus 3.2 übereinstimmen, d. h. mit den stationären Zustandswahrscheinlichkeiten unter der Voraussetzung, daß sämtliche Verteilungsdichten $f_{i_j,j}$ Dichten von Exponentialverteilungen mit den Parametern $\varrho_{i_j,j}$ sind.

Genauer allerdings haben wir zu betrachten, gegenüber welchen $f_{i_j,j}$ Unempfindlichkeit vorliegt; i. a. werden die stationären Zustandswahrscheinlichkeiten nämlich nicht gegenüber allen Verteilungsdichten unempfindlich sein, sondern nur gegenüber gewissen. So liegt bei dem in 5.2.2 behandelten ERLANGschen Verlustsystem im Fall der Auswahl eines freien Bedienungsapparates „auf gut Glück“ Unempfindlichkeit der stationären Grobzustandswahrscheinlichkeiten P_g gegenüber der Form der Verteilungsfunktionen der Bedienungsdauern vor; für die Form der Verteilungsfunktion der Pausendauern ist das jedoch nicht der Fall.

Wir zeichnen also bei gegebenen positiven reellen endlichen Zahlen $\varrho_{i_j,j}$ für alle $i_j \in C_j$, $j \in J$, für jedes $j \in J$ aus der Menge der aktiven Objektzustände $i_j \in C_j$ eine Teilmenge $I_j \subseteq C_j$ auf folgende Weise aus: $f_{i_j,j}$ ist eine beliebige, zum Bedienungsschema passende Verteilungsdichte einer positiven Zufallsgröße, d. h.

$$\int_0^\infty x f_{i_j,j}(x)\,\mathrm{d}x = \varrho_{i_j,j}^{-1} \quad \text{für} \quad i_j \in I_j,$$

und es ist (7.2.1)

$$f_{i_j,j}(x) = \varrho_{i_j,j}\,\mathrm{e}^{-\varrho_{i_j,j}}, \quad x \geqq 0 \quad \text{für} \quad i_j \in C_j \setminus I_j.$$

Wir können nun streng definieren:

Ein irreduzibles Bedienungsschema mit gegebenen positiven endlichen reellen Zahlen $\varrho_{i_j,j}$ besitzt die Unempfindlichkeitseigenschaft für eine Familie $(I_j)_{j\in J}$ von Teilmengen $I_j \subseteq C_j$, wenn für jede Familie $(f_{i_j,j})_{i_j\in C_j,\, j\in J}$ von Verteilungsdichten mit (7.2.1), für die der zugehörige Bedienungsprozeß genau eine stationäre Anfangsverteilung P besitzt, die stationären Zustandswahrscheinlichkeiten

$P(A_g)$ für alle $g \in G$ mit der eindeutigen Lösung $(P_g)_{g \in G}$ des Systems $\mathbf{Z}$ der Zustandsgleichungen übereinstimmen.

Sind sämtliche Verteilungsdichten beliebig, d. h. $C_j = I_j$, $j \in J$, so sprechen wir von der *vollen Unempfindlichkeitseigenschaft.*

7.3. *Unempfindlichkeitskriterien*

Um im folgenden einige Unempfindlichkeitskriterien formulieren zu können, benötigen wir zwei Eigenschaften eines Bedienungsschemas. Wir definieren:

a) Ein Bedienungsschema besitzt bezüglich einer Familie $(I_j)_{j \in J}$ von Teilmengen $I_j \subseteq C_j$ für alle $j \in J$ die *Eigenschaft* $\mathfrak{e}\big((I_j)_{j \in J}\big)$, wenn mit Wahrscheinlichkeit 1 bei jedem Übergang $g \to g'$ im System nicht zwei aktive Objektzustände i_{j_1}, i_{j_2} auf verschiedenen Objekten O_{j_1}, O_{j_2} mit $i_{j_1} \in I_{j_1}$ und $i_{j_2} \in I_{j_2}$ (d. h. mit beliebig zugelassenen Verteilungsdichten) gleichzeitig beginnen können.

b) Ein Bedienungsschema besitzt bezüglich einer Familie $(I_j)_{j \in J}$ von Teilmengen $I_j \subseteq C_j$ für alle $j \in J$ die *Eigenschaft* $\mathfrak{e}_1\big((I_j)_{j \in J}\big)$, wenn kein aktiver Zustand $i_j \in I_j$ irgendeines Objektes O_j, $j \in J$, mit der Geschwindigkeit 0 beginnt.

Die Eigenschaft $\mathfrak{e}_1\big((I_j)\big)$ ist stets zu erreichen. Liegt sie nicht ohnehin vor, so kann man bei der Konstruktion des Bedienungsschemas für ein gegebenes Bedienungsmodell einen zusätzlichen passiven Objektzustand einführen, in dem das betreffende Objekt so lange verbleibt, bis es einen aktiven Objektzustand mit positiver Geschwindigkeit beginnen kann.

Wir bezeichnen zur Abkürzung für eine Familie $(I_j)_{j \in J}$ mit $U_g := \{j : j \in J_g,\ i_j \in I_j\}$ die *Menge der bezüglich eines Grobzustandes* $g \in G$ *aktiven Objekte, zu deren aktiven Objektzuständen* i_j *eine beliebige Verteilungsdichte* $f_{i_j, j}$ *gemäß* (7.2.1) *gehört.*

Für einen gegebenen Grobzustand $g = (i_j)_{j \in J}$ und eine Teilmenge $X \subseteq J$ von Indizes von Objekten O_j sei

$$G_{X,g} := \{g' : g' \in G,\ i_j' = i_j \quad \text{für} \quad j \in X\},$$

d. h. die *Menge der Grobzustände $g' \in G$, in denen die Objekte O_j mit $j \in X$ dieselben Objektzustände $i_j' = i_j$ besitzen wie in g.*

Es gilt nunmehr das folgende notwendige und hinreichende

Unempfindlichkeitskriterium 1: *Ein gegebenes Bedienungsschema mit einer gegebenen Familie $(\varrho_{i_j,j})_{i_j \in C_j,\, j \in J}$ positiver reeller endlicher Zahlen sei irreduzibel und habe für eine Familie $(I_j)_{j \in J}$ von Teilmengen aktiver Objektzustände, $i_j \in C_j$, $j \in J$, die Eigenschaft $\mathfrak{e}_1\big((I_j)_{j \in J}\big)$.*

Das Bedienungsschema besitzt bezüglich der Familie $(I_j)_{j \in J}$ die Unempfindlichkeitseigenschaft dann und nur dann, wenn das folgende Gleichungssystem $\mathbf{Z}'\big((I_j)_{j \in J}\big)$ eine positive Wahrscheinlichkeitslösung hat $\big($d. h. $P_g > 0$ für alle $g \in G$, $\sum_{g \in G} P_g = 1\big)$ und das Schema die Eigenschaft $\mathfrak{e}\big((I_j)_{j \in J}\big)$ besitzt $\big($oder die Lösung von $\mathbf{Z}'((I_j)_{j \in J})$ mit der eindeutig bestimmten Lösung von $\mathbf{Z}$ übereinstimmt$\big)$.

Das Gleichungssystem $\mathbf{Z}'\big((I_j)_{j \in J}\big)$, oder kurz $\mathbf{Z}'$, hat die Gestalt: Für alle $g \in G$ ist

$$\Big(\sum_{j \in J_g \setminus U_g} c_{jg} \varrho_{i_j,j}\Big) P_g = \sum_{g' \in G_{U_g,g}} \sum_{s \in J_{g'} \setminus U_g} c_{sg'} \varrho_{i_s',s}\, p(g', s, g)\, P_{g'} \tag{7.3.1a}$$

und für alle $u \in U_g$

$$c_{ug} \varrho_{i_u,u} P_g = \sum_{g' \in G_{U_g \setminus \{u\},g}} c_{ug'} \varrho_{i'_u,u}\, p(g', u, g)\, P_{g'} + \sum_{g' \in G_{U_g \setminus \{u\},g} \setminus G_{U_g,g}} \sum_{s \in J_{g'} \setminus U_g} c_{sg'} \varrho_{i'_s,s}\, p(g', s, g)\, P_{g'}. \tag{7.3.1b}$$

Von besonderem Interesse ist der Fall $I_j = C_j$ für alle $j \in J$, d. h. die Prüfung, ob die stationären Grobzustandswahrscheinlichkeiten gegenüber der Form *sämtlicher* Verteilungsdichten unempfindlich sind.

Unempfindlichkeitskriterium 2 (für die volle Unempfindlichkeitseigenschaft): *Ein irreduzibles Bedienungsschema mit gegebenen positiven endlichen Zahlen* $\varrho_{i_j,j}$ *besitzt genau dann die Unempfindlichkeitseigenschaft gegenüber sämtlichen Verteilungsdichten* $f_{i_j,j}$ *mit den Erwartungswerten* $\varrho_{i_j,j}^{-1}$ *und die Eigenschaft* $\mathfrak{e}_1\big(((C_j))_{j\in J}\big)$, *wenn für alle* g *die Anzahl* $|J_g|$ *der bezüglich* g *aktiven Objekte gleich ist und das folgende Gleichungssystem eine positive Lösung besitzt:*

$$c_{ug}Q_g = \sum_{g'\in G_{U_g\setminus\{u\},g}} \sum_{s\in J_{g'}\setminus(J_g\setminus\{u\})} c_{sg'}\, p(g', s, g)\, Q_{g'} \tag{7.3.2}$$

für alle $u \in J_g$, $g \in G$.

Eine solche Lösung (Q_g) ist bis auf einen konstanten Faktor eindeutig bestimmt. Die gesuchten, eindeutig bestimmten *stationären Grobzustandswahrscheinlichkeiten* P_g ergeben sich aus den Q_g zu

$$P_g = a \prod_{j\in J_g} \varrho_{i_j,j}^{-1} Q_g, \tag{7.3.3}$$

wobei a durch $\sum_{g\in G} P_g = 1$ bestimmt ist.

Es sei noch vermerkt, daß man mit Hilfe des Ansatzes (7.3.3) noch ein weiteres Unempfindlichkeitskriterium für den allgemeinen Fall $I_j \subseteq C_j$ angeben kann; vgl. [52, 53].

7.4. *Methode zur Unempfindlichkeitsprüfung*

Nach den Sätzen in 7.3 ist die Unempfindlichkeitsprüfung der stationären Grobzustandswahrscheinlichkeiten eines Bedienungsmodells, das in Form eines Bedienungsschemas dargestellt wurde, bei gegebenen endlichen Erwartungswerten $\varrho_{i_j,j}^{-1}$ der aktiven Objektzustände wie folgt durchzuführen:

1. Man zeichne eine Familie $(I_j)_{j\in J}$ von Teilmengen $I_j \subseteq C_j$ aktiver Objektzustände aus, so daß bezüglich der zugehörigen beliebigen Verteilungsdichten $f_{i_j,j}$ mit

$\int_0^\infty x f_{i_j,j}(x)\,dx = \varrho_{i_j,j}^{-1}$ für $i_j \in I_j$ geprüft werden soll, ob die noch unbekannten stationären Zustandswahrscheinlichkeiten P_g gegenüber diesen Verteilungsdichten unempfindlich sind.

2. Man prüfe das Bedienungsschema auf Irreduzibilität.

3. Man prüfe, ob die Eigenschaft $\mathfrak{e}_1\big((I_j)_{j\in J}\big)$ vorliegt.

4. Man stelle das lineare algebraische Gleichungssystem $\mathbf{Z}'\big((I_j)_{j\in J}\big)$ gemäß (7.3.1) auf.

5a. Man prüfe, ob $\mathbf{Z}'\big((I_j)_{j\in J}\big)$ eine positive Wahrscheinlichkeitslösung $(P_g)_{g\in G}$ besitzt und $\mathfrak{e}\big((I_j)_{j\in J}\big)$ vorliegt.

oder

5b. Man prüfe, ob $\mathbf{Z}$ (3.2.2) und $\mathbf{Z}'\big((I_j)_{j\in J}\big)$ äquivalent sind, d. h. zu den gleichen Gleichungen führen. Das ist in speziellen Fällen einfacher als gemäß 5a $\mathbf{Z}'\big((I_j)_{j\in J}\big)$ aufzulösen.

Die Lösung von $\mathbf{Z}'\big((I_j)\big)$ bzw. $\mathbf{Z}$ liefert dann die stationären Grobzustandswahrscheinlichkeiten für das Bedienungssystem, die bei gegebenen festen Erwartungswerten $\varrho_{i_j,j}^{-1}$ unempfindlich gegenüber der Form der Verteilungsdichten $f_{i_j,j}$ mit $i_j \in I_j$, $j \in J$, sind.

Will man das Vorliegen der vollen Unempfindlichkeitseigenschaft prüfen, so ist anstelle von 3. festzustellen, ob die Anzahlen $|J_g|$ für alle $g \in G$ gleich sind. Statt $\mathbf{Z}'$ ist dann das System (7.3.2) zu nehmen. Aus dessen positiver Lösung (im Falle der Existenz) ergeben sich gemäß (7.3.3) die Grobzustandswahrscheinlichkeiten P_g.

In Erweiterung der Methoden aus Kap. 2 und 3 ist es somit möglich, nur durch Lösung eines linearen algebraischen Gleichungssystems stationäre Zustandswahrscheinlichkeiten P_g in bestimmten Fällen auch dann zu erhalten, wenn einige Verteilungen auftretender Zufallsgrößen keine Exponentialverteilungen sind.

Im Unempfindlichkeitsfall, d. h., wenn $\mathbf{Z}'$ eine positive

Lösung besitzt (die mit der von **Z** übereinstimmt), ist **Z**′ sogar *einfacher* zu lösen als **Z**.

Abschließend seien noch drei kurze inhaltliche Bemerkungen zur Unempfindlichkeitseigenschaft angefügt.

1. Das Gleichungssystem **Z**′ (7.3.1) impliziert unter der Voraussetzung der Eigenschaft $\mathfrak{e}\big((I_j)_{j\in J}\big)$ das System **Z** (3.2.2) der Zustandsgleichungen, so daß die Wahrscheinlichkeitslösungen von **Z**′ auch solche von **Z** sind. Sind nun sämtliche Verteilungsdichten $f_{i_\mu,j}$ Exponentialverteilungsdichten, so können wir **Z**′ als Ausdruck eines *verschärften statistischen Gleichgewichtes* auffassen gegenüber dem durch **Z** repräsentierten statistischen Gleichgewicht (vgl. 3.2). In diesem Sinn ist das Vorliegen der Unempfindlichkeitseigenschaft äquivalent mit der Gültigkeit des verschärften statistischen Gleichgewichtes. Die positive Lösbarkeit von **Z**′ und damit die Unempfindlichkeitseigenschaft ist eng mit Symmetrieeigenschaften des Bedienungsschemas bzw. des dadurch dargestellten Modells verbunden. Wenn die Unempfindlichkeitseigenschaft vorliegt, ergibt sich in allen Fällen eine sehr einfache Gestalt der stationären Zustandswahrscheinlichkeiten P_g. Praktisch kann man daher bei Vorliegen „schöner Formeln“ für die nach **Z** berechneten stationären Zustandswahrscheinlichkeiten P_g vermuten, daß sie unempfindlich sind.

2. Die mit den hier angegebenen Methoden nachweisbaren Unempfindlichkeitseigenschaften hängen sehr eng mit dem *Produktansatz* von Sewastjanow (vgl. (5.2.27)) zur Lösung der Systeme von Integro-Differentialgleichungen bzw. von Differentialgleichungen für die stationären Verteilungen zusammen. Grob gesagt, ist die Gültigkeit dieses Ansatzes der Unempfindlichkeitseigenschaft äquivalent. Für genauere Formulierungen und Beweise sei auf die oben angegebene Literatur verwiesen.

3. Es sei darauf hingewiesen, daß die oben definierte Unempfindlichkeitseigenschaft nicht sämtliche möglichen Unempfindlichkeitseigenschaften erfaßt. Auch interessiert

in Anwendungen manchmal nicht die Unempfindlichkeit der stationären Grobzustandswahrscheinlichkeiten P_g, sondern gewisser aus ihnen gebildeter Systemcharakteristiken (z. B. Momente) bzw. der stationären Wahrscheinlichkeiten bestimmter Mengen von Grobzuständen $g \in G$ (z. B. Mengen von g mit gleicher Anzahl bestimmter aktiver Objekte). Dabei kann es vorkommen, daß solche Größen unempfindlich gegenüber der Form der Verteilungsdichten der aktiven Objektzustände sind, obwohl die Grobzustandswahrscheinlichkeiten P_g es nicht sind. Beispiele für derartige Unempfindlichkeitseigenschaften: Mittlere Anzahl der besetzten Apparate in Wartesystemen (vgl. (9.3.1)), Wahrscheinlichkeiten für die Anzahl der besetzten Apparate im ERLANGschen Verlustsystem bei Zuordnungsvorschriften für die Forderungen zu den freien Apparaten, die von der „auf gut Glück" abweichen (nur für letztere Vorschrift ist die oben definierte Unempfindlichkeitseigenschaft nachweisbar, aber natürlich hängen die Anzahlwahrscheinlichkeiten von der Zuordnungsvorschrift überhaupt nicht ab). Derartige Unempfindlichkeitseigenschaften können mit den hier angegebenen Methoden nicht unmittelbar nachgewiesen werden.

7.5. *Beispiele*

7.5.1. *Zuverlässigkeitsmodell mit Reparatur* (vgl. S. 65)

Wir betrachten das Beispiel 1 aus 3.3 und untersuchen, für welche Wahl der Mengen I_j, $j = 1, 2, 3$, die Unempfindlichkeitseigenschaft $E\big((I_j)_{j \in J}\big)$ vorliegt. Dazu stellen wir $\mathbf{Z}'(I_j)$ auf und vergleichen es mit $\mathbf{Z}$ (vgl. S. 67):

a) $2 \in I_1$. In $\mathbf{Z}'\big((I_j)_{j \in J}\big)$ tritt dann die Gleichung

$$0 = c_{32} \lambda_3 P_2$$

auf; $\mathbf{Z}'\big((I_j)_{j \in J}\big)$ hat also keine positive Lösung.

b) $1 \in I_2$, $2 \in I_2$, $1 \in I_3$. Auch hier kann keine positive Lösung existieren.

c) $I_1 = \{1\}, I_2 = \emptyset, I_3 = \{2\}$. Hier lautet $\mathbf{Z}'\big((I_j)_{j\in J}\big)$ wie folgt:

$$\left.\begin{array}{ll}
(1\,\mathrm{a}) & (c_{21}\lambda_2 + c_{31}\lambda_3)\,P_1 = c_{23}\beta_2 P_3 \\
 & \qquad + c_{35}\beta_3 P_5 + c_{37}\beta_3 P_7 \\
(2) & (c_{12}\beta_1 + c_{22}\lambda_2 + c_{32}\lambda_3)\,P_2 = c_{11}\lambda_1 P_1 \\
(3) & (c_{23}\beta_2 + c_{33}\lambda_3)\,P_3 = c_{21}\lambda_2 P_1 \\
(4) & (c_{24}\beta_2 + c_{34}\lambda_3)\,P_4 = c_{19}\beta_1 P_9 \\
(9) & (c_{19}\beta_1 + c_{33}\lambda_3)\,P_9 = c_{22}\lambda_2 P_2 \\
(10) & c_{1,10}\beta_1 P_{10} = c_{32}\lambda_3 P_2 \\
(11) & c_{1,11}\beta_1 P_{11} = c_{39}\lambda_3 P_9 \\
(12) & c_{2,12}\beta_2 P_{12} = c_{33}\lambda_3 P_3 \\
(13) & c_{2,13}\beta_2 P_{13} = c_{1,11}\beta_1 P_{11} + c_{34}\lambda_3 P_4
\end{array}\right\}\ \begin{array}{l}\text{entsprechend}\\ \text{(7.3.1a)}\end{array}$$

$$\left.\begin{array}{ll}
(1\,\mathrm{b}) & c_{11}\lambda_1 P_1 = c_{12}\beta_1 P_2 + c_{36}\beta_3 P_6 \\
 & \qquad + c_{38}\beta_1 P_8 + c_{24}\beta_2 P_4 \\
(5) & c_{35}\beta_3 P_5 = c_{31}\lambda_3 P_1 \\
(6) & c_{36}\beta_3 P_6 = c_{1,10}\beta_1 P_{10} \\
(7) & c_{37}\beta_3 P_7 = c_{2,12}\beta_2 P_{12} \\
(8) & c_{38}\beta_3 P_8 = c_{2,13}\beta_2 P_{13}
\end{array}\right\}\ \begin{array}{l}\text{entsprechend}\\ \text{(7.3.1b)}\end{array}$$

Wie man sieht, unterscheiden sich $\mathbf{Z}$ (vgl. S. 67) und $\mathbf{Z}'$ dadurch, daß in $\mathbf{Z}'$ die Gleichung (1) von $\mathbf{Z}$ aufgespaltet wurde. Wenn wir zeigen, daß die Gleichung (1b) aus $\mathbf{Z}$ folgt, so ist die Äquivalenz von $\mathbf{Z}$ und $\mathbf{Z}'$ bewiesen.

$$\begin{aligned}
c_{11}\lambda_1 P_1 &= \underline{c_{12}\beta_1 P_2} + c_{22}\lambda_2 P_2 + c_{32}\lambda_3 P_2 \quad \text{(lt. 2. Gl. von } \mathbf{Z}\text{)} \\
&= \underline{c_{12}\beta_1 P_2} + c_{22}\lambda_2 P_2 + c_{1,10}\beta_1 P_{10} \quad \text{(lt. 10. Gl. von } \mathbf{Z}\text{)}
\end{aligned}$$

$$
\begin{aligned}
c_{11}\lambda_1 P_1 &= \underline{c_{12}\beta_1 P_2} + c_{22}\lambda_2 P_2 + \underline{c_{36}\beta_3 P_6} \quad \text{(lt. 6. Gl. von } \mathbf{Z}\text{)} \\
&= \underline{c_{12}\beta_1 P_2} + \underline{c_{36}\beta_3 P_6} + c_{19}\beta_1 P_9 + c_{39}\lambda_3 P_9 \quad \text{(lt. 9. Gleichung von } \mathbf{Z}\text{)} \\
&= \underline{c_{12}\beta_1 P_2} + \underline{c_{36}\beta_3 P_6} + c_{34}\lambda_3 P_4 + c_{111}\beta_1 P_{11} \\
&\quad + \underline{c_{24}\beta_2 P_4} \quad \text{(lt. 11. und 4. Gleichung von } \mathbf{Z}\text{)} \\
&= \underline{c_{12}\beta_1 P_2} + \underline{c_{36}\beta_3 P_6} + \underline{c_{24}\beta_2 P_4} + c_{213}\beta_2 P_{13} \\
&\quad \text{(lt. 13. Gleichung von } \mathbf{Z}\text{)} \\
c_{11}\lambda_1 P_1 &= \underline{c_{12}\beta_1 P_2} + \underline{c_{36}\beta_3 P_6} + \underline{c_{24}\beta_2 P_4} + \underline{c_{38}\beta_3 P_8} \\
&\quad \text{(lt. 8. Gleichung von } \mathbf{Z}\text{)}
\end{aligned}
$$

Das ist gerade die Gleichung (1b) von $\mathbf{Z}$.

Als Ergebnis für dieses Modell erhalten wir somit:

Die Unempfindlichkeitseigenschaft finden wir nur für $I_1 = \{1\}$, $I_2 = \emptyset$, $I_3 = \{2\}$. Die in 3.3 (Beispiel 1) als Lösung von $\mathbf{Z}$ angegebenen stationären Grobzustandswahrscheinlichkeiten P_g sind auch Lösungen von $\mathbf{Z}'$ und also unabhängig von der Gestalt der Arbeitsmengenverteilungsfunktion des 1. Objektes und der Reparaturzeitverteilungsfunktion des dritten Objektes, wenn nur die jeweiligen Erwartungswerte erhalten bleiben. Erweitert man die Anzahl der seriell angeordneten Objekte in diesem Beispiel auf $n > 3$, so bleibt das Unempfindlichkeitsergebnis bezüglich der Arbeitsmengenverteilung des 1. Objektes und der Reparaturzeitverteilungsfunktion des n-ten Objektes erhalten. Betrachtet man das gleiche Modell, aber ohne den Unterbrechungseffekt, dann ergibt sich unter Voraussetzung der Gleichheit der Erwartungswerte der Reparaturdauern aller Geräte die Unempfindlichkeit der stationären Grobzustandswahrscheinlichkeiten gegenüber der Form der Arbeitsmengenverteilungsfunktion sämtlicher Geräte.

An diesem Beispiel sehen wir auch, daß die Hinzunahme des passiven Zustandes 0 eine positive Aussage für $1 \in I_1$ brachte. Dieses Ergebnis hätten wir bei einer Beschreibung nur mittels verschwindender Geschwindigkeiten nicht bekommen, da nämlich dann $\mathbf{e}_1\big((I_j)_{j\in J}\big)$ verletzt wäre.

7.5.2. *Kombiniertes Warte-Verlustsystem GI/G/1/m*

Das Bedienungssystem GI/G/1/m (Bezeichnungen vgl. S. 38) ist bezüglich der Bedienungs- *und* Pausenzeitverteilungen nicht unempfindlich, da die Bedingung $\mathbf{e}(C_0, C_1, \Phi)$ verletzt ist: Bei Ankunft einer Forderung in das leere System beginnen nämlich zugleich eine neue Pausenzeit und eine neue Bedienungszeit. Auch wenn man fordert, daß entweder die Bedienungs- oder die Pausenzeiten exponentiell verteilt sind, liegt keine Unempfindlichkeit vor. Für M/G/1/m enthält $\mathbf{Z}'(\Phi, C_1, \Phi)$ die Gleichungen $\mu P_g = 0$, falls $g > 1$ ($\mu = m_B^{-1}$), für GI/M/1/m enthält $\mathbf{Z}'(C_0, \Phi, \Phi)$ die Gleichung $\mu P_m = 0$. Mit der in 7.4 angegebenen Methode sind also für diese Systeme die Zustandswahrscheinlichkeiten nicht berechenbar.

7.5.3. *Engsetsches Verlustsystem*

Es mögen n Quellen (Fernsprechteilnehmern) $O_1, O_2, \ldots, O_n$, die in zufälligen Abständen (Erwartungswerte: λ_j^{-1}), Pausenzeiten, Forderungen stellen, m Bedienungsapparate (Leitungen) zur Verfügung stehen ($m \leqq n$), wobei die Bedienungszeiten ebenfalls zufällig sind und von den Nummern der Quellen j und der Apparate k abhängen (Erwartungswerte: μ_{kj}^{-1}). Diese Zufallsgrößen seien stochastisch unabhängig. Jede Quelle erhält bei Anforderung einen der freien Apparate auf „gut Glück", d. h. mit gleicher Wahrscheinlichkeit, zugewiesen. Ihre Forderung geht verloren (und die nächste Pausenzeit beginnt zu laufen), wenn keine freie Leitung vorhanden ist; während der Bedienung einer Forderung läuft auf der entsprechenden Quelle keine Pausenzeit.

Bedienungsschema: Objekte = Quellen O_j, $j = 1, 2, \ldots, n$;

$i_j = 0$: auf O_j läuft eine Pause;

$i_j = k$: eine Forderung von O_j wird auf dem Apparat k bedient.

$D_j = \Phi$, $C_j = \{0, 1, \ldots, m\}$, $j = 1, 2, \ldots, n$.

Grobzustände g: $g = (i_j)$, wobei unter den i_j jedes k mit $1 \leqq k \leqq m$ höchstens einmal vorkommt. Der spezielle Zustand $(0, 0, \ldots, 0)$, in dem alle Apparate frei sind, wird mit O bezeichnet.

Wegen $D_j = \Phi$ gilt für alle g die Beziehung $J_g = J$. Die Geschwindigkeiten c_{jg} sollen alle positiv sein.

Die *Übergangswahrscheinlichkeiten* $p(g, s, g')$ lauten:

$$p(g, s, g') = 1;\; i_{s'} = 0,\; i_s \neq 0;\; i_{j'} = i_j,\; j \neq s$$

(auf jede Bedienungszeit einer Quelle folgt eine Pausenzeit),

$$p(g, s, g) = 1;\quad i_s = 0 \quad \text{und} \quad \{1, 2, \ldots, m\} \subseteq \{i_1, i_2, \ldots, i_n\}$$

(Ablehnung im Fall von m besetzten Apparaten),

$$p(g, s, g') = \frac{1}{m - \text{Anzahl}\,\{j : i_j \neq 0\}};\; i_s = 0,\; i_j' = i_j,$$

$$j \neq s,\; i_{s'} \in \{1, 2, \ldots, m\} \setminus \{i_1, i_2, \ldots, i_n\} \neq \Phi$$

(Zuordnung der Forderungen zu den Apparaten auf gut Glück).

Wir setzen

$$\varrho_{k,j} = \mu_{kj}, \quad 1 \leqq k \leqq m,$$

$$\varrho_{0,j} = \lambda_j, \quad j = 1, 2, \ldots, n.$$

Offenbar ist das vorliegende Bedienungsschema irreduzibel.

Wir wollen mit Hilfe des Unempfindlichkeitskriteriums 2 nachprüfen, unter welchen Bedingungen das Schema die volle Invarianzeigenschaft besitzt.

Setzen wir $G(u, g) = \{g' : g' \in G,\, i_u' \in \{1, \ldots, m\} \setminus \{i_1, \ldots, i_n\},\, i_j' = i_j \text{ für } j \neq u\}$, dann genügen die Q_g dem folgenden Gleichungssystem (vgl. (7.3.2)):

$$c_{ug}Q_g = \sum_{g' \in G(u,g)} c_{ug'}Q_{g'} \quad \text{für} \quad i_u = 0 \quad \text{und} \quad G(u,g) = \Phi\,,$$

$$c_{ug}Q_g = c_{ug}Q_g \quad \text{für} \quad i_u = 0 \quad \text{und} \quad G(u,g) = \Phi\,,$$

$$c_{ug}Q_g = \frac{1}{m - \text{Anzahl}\,\{j : i_j \neq 0\} + 1}\, c_{ug'}Q_{g'}\,,$$

für $i_u \in \{1, \ldots, m\}$, $i_u' = 0$ und $i_j' = i_j$ falls $j \neq u$.

Die Lösungen der letzten Gleichungsgruppe erfüllen die erste. Eine rekursive Zurückführung aller Grobzustandswahrscheinlichkeiten p_g auf p_0 ergibt eine Produktbedingung an die Geschwindigkeiten: Für jedes $g \in G$ bilden wir Folgen von Indizes $(j_1, \ldots, j_r)$ der Objekte, auf denen bezüglich g eine Forderung bedient wird, d. h. also $\{j_1, \ldots, j_r\} = \{j : i_j \neq 0\}$, $r =$ Anzahl $\{j : i_j \neq 0\}$. Jeder solchen Folge wird mittels der rekursiven Beziehung (sei $g_l = (i_j^{(l)})$, $l = 1, \ldots, r$, gesetzt)

$$g_r = g\,;\; g_{l-1} = (i_j^{(l-1)}) \quad \text{mit} \quad i_{j_l}^{(l-1)} = 0\,, \qquad i_j^{(l-1)} = i_j^{(l)}$$
$$\text{für} \quad j \neq j_l\,, \quad l = 1, \ldots, r\,,$$

eine Folge von Objektgrobzuständen $(g_0, \ldots, g_r)$ zugeordnet. (Für diese gilt insbesondere $g_0 = 0$, $i_{j_l}^{(l)} \neq 0$, $l = 1, \ldots, r$.)

Falls nun für je zwei solcher Folgen $(j_1, \ldots, j_r)$ und $(j_1', \ldots, j_r')$ mit den zugehörigen $(g_0, \ldots, g_r)$ und $(g_0', \ldots, g_r')$ die Bedingung

$$\prod_{l=1}^{r} \frac{c_{j_{l-1}g_{l-1}}}{c_{j_l g_l}} = \prod_{l=1}^{r} \frac{c_{j'_{l-1}g'_{l-1}}}{c_{j'_l g_l}} \tag{7.5.1}$$

erfüllt wird für jedes feste $g \in G$, so ergibt das Gleichungssystem eine positive Lösung in der Form

$$Q_g = \frac{(m-r)!}{m!} \prod_{l=1}^{r} \frac{c_{j_{l-1}g_{l-1}}}{c_{j_l g_l}} Q_0$$

mit einer beliebigen entsprechenden Folge $(j_1, \ldots, j_r)$ und der zugehörigen Folge $(g_0, \ldots, g_r)$. Die stationären Grobzustandswahrscheinlichkeiten P_g erhält man dann mittels der Formel

$$P_g = \prod_{\{j:i_j=0\}} \lambda_j^{-1} \prod_{\{j:i_j\neq 0\}} \mu_{ji_j}^{-1} \prod_{l=1}^{r} \frac{c_{j_{l-1}g_{l-1}}}{c_{j_l g_l}} \frac{(m-r)!}{m!} a \qquad (7.5.2)$$

in der a eine positive Normierungskonstante ist (vgl. [52]).

Wir erhalten somit bei Erfüllung von (7.5.1), die für $c_{jg} = 1$ für alle j und g stets gesichert ist, die volle Unempfindlichkeitseigenschaft des Engsetschen Verlustsystems. (7.5.1) ist übrigens ein typisches Beispiel einer Bedingung für das Vorliegen der Unempfindlichkeitseigenschaft in Modellen mit Geschwindigkeiten.

Im Fall $c_{jg} = 1$ für alle j und g und $\lambda_j = \lambda$, $\mu_{kj} = \mu$ $(j = 1, 2, \ldots, n,\ k = 1, 2, \ldots, m)$ sind die stationären Wahrscheinlichkeiten P_r (= Wahrscheinlichkeit, daß r Apparate belegt sind) durch die *Engsetsche Formel* gegeben

$$P_r = \frac{\binom{n}{r}\left(\frac{\lambda}{\mu}\right)^r}{\sum\limits_{k=0}^{m}\binom{n}{k}\left(\frac{\lambda}{\mu}\right)^k}, \quad r = 0, 1, \ldots, m. \qquad (7.5.3)$$

Abschließend sei noch bemerkt, daß in [49, 53] mit Hilfe der Theorie der zufälligen Punktprozesse gezeigt werden konnte, daß im Fall $c_{jg} = 1$ für alle j und g der Ausdruck (7.5.2) für die stationären Grobzustandswahrscheinlichkeiten (und somit die Engsetsche Formel) auch dann gültig ist, wenn zwischen den Bedienungszeiten eines Bedienungsapparates sowie den Pausenzeiten einer Quelle jeweils stochastische Abhängigkeiten im Sinne stationärer zufälliger Punktprozesse (vgl. 1.3) bestehen.

8. Semi-Markowsche Prozesse in der Bedienungs- und Zuverlässigkeitstheorie

8.0. Vorbemerkungen

Eine zur Untersuchung stochastischer Modelle wichtige Klasse stochastischer Prozesse bilden die semi-MARKOWschen Prozesse. Sie wurden 1954 unabhängig voneinander von LEVY, SMITH und TAKACS eingeführt.

Semi-MARKOWsche Prozesse werden sowohl in der Zuverlässigkeits- als auch in der Bedienungstheorie verwendet. Sie dienen entweder als mathematisches Modell für das gesamte zu untersuchende System oder als Modell für Teile des Systems, z. B. für den Forderungenstrom oder die Folge der Bedienungszeiten. Voraussetzung für die Benutzung semi-MARKOWscher Prozesse ist, daß in dem untersuchten System stets *höchstens eine nicht exponentiell verteilte Zeit* „läuft". (Einen anderen Zugang zur Behandlung von Systemen unter dieser Voraussetzung gab BELJAJEW 1960 in Form der *linienartigen Prozesse* an [32].) Semi-MARKOWsche Prozesse treten auch als „eingebettete" Prozesse auf, wobei sie eine vereinfachte Untersuchung komplizierterer stochastischer Prozesse ermöglichen, vgl. [7] und 8.2.3.

In 8.1 werden die verbreitetste Variante der Definition und einige Formeln für wichtige Charakteristiken semi-MARKOWscher Prozesse angegeben, in 8.2 werden verschiedene Beispiele behandelt. Ausführliche Darstellungen der Theorie semi-MARKOWscher Prozesse findet man in [69, 70, 82].

8.1. Definition sowie wichtige Sätze und Formeln

Ein System mit abzählbar vielen Zuständen $i = 0, 1, \ldots$ kann durch einen SMP (SMP = semi-MARKOWscher Prozeß) beschrieben werden, falls sein Verhalten folgendermaßen ist:

Wenn das System den Zustand i erreicht hat, ist die Wahrscheinlichkeit dafür, daß es als nächsten Zustand den Zustand j annimmt und höchstens t Zeiteinheiten lang im Zustand i verweilt, nicht von den früheren Zuständen, den Verweilzeiten in ihnen und dem betrachteten Zeitpunkt abhängig. Genauer: Sei (ξ_t) ein stochastischer Prozeß mit dem Zustandsraum $E = \{0,1,\ldots\}$ und seien ξ_0 sein Anfangszustand, ξ_n sein Zustand nach der n-ten Zustandsänderung und T_n die Verweilzeit des Prozesses im $(n-1)$-ten Zustand. Der stochastische Prozeß (ξ_t) heißt *semi*-MARKOW*scher Prozeß*, wenn für alle $0 \leqq t_1 < t \cdots < t_{n-1} < t,\ i, i_1, \ldots, k, j \in E$ und alle $n > 1$ gilt:

$$\mathscr{P}(T_n < t,\ \xi_n = j \mid \xi_0 = i_1,\ T_1 = t_1, \ldots, \xi_{n-2} = k,$$
$$T_{n-1} = t_{n-1},\ \xi_{n-1} = i) \qquad (8.1.1)$$
$$= \mathscr{P}(T_n < t,\ \xi_n = j \mid \xi_{n-1} = i),^{1)} \quad \text{und}$$

$$\mathscr{P}(T_n < t,\ \xi_n \ = j \mid \xi_{n-1}\ i) = Q_{ij}(t),\ n = 1, 2, \ldots. \qquad (8.1.2)$$

Oft wird die Gültigkeit von (8.1.2) nur für $n = 2, 3, \ldots\}$ gefordert und außer den $Q_{ij}(t)$ noch mit $\hat{Q}_{ij}(t)$,

$$\hat{Q}_{ij}(t) = \mathscr{P}(T_1 < t,\ \xi_1 = j \mid \xi_0 = i) \qquad (8.1.3)$$

gearbeitet. (Wegen etwas anderer Definitionen von SMP vgl. [55, 56].) Die Q_{ij} können in der Form

$$Q_{ij}(t) = p_{ij} F_{ij}(t) \qquad (8.1.4)$$

dargestellt werden mit

$$p_{ij} = Q_{ij}(\infty) = \mathscr{P}(\xi_n = j \mid \xi_{n-1} = i) \qquad (8.1.5)$$

und

$$F_{ij}(t) = \begin{cases} \dfrac{1}{p_{ij}} Q_{ij}(t), & \text{falls } p_{ij} > 0, \\ \text{beliebige Verteilungsfunktionen, falls} & p_{ij} = 0 \end{cases} \qquad (8.1.6)$$

Alle F_{ij} sollen endliche Erwartungswerte besitzen.

---

[1]) Vgl. Fußnote S. 22.

Anschaulich kann man p_{ij} als Wahrscheinlichkeit dafür auffassen, daß der dem Zustand i folgende Zustand gleich j ist; $F_{ij}(t)$ ist die bedingte Verteilungsfunktion der Verweilzeit im Zustand i, wenn der nächste Zustand j ist. Die p_{ij} sind die Übergangswahrscheinlichkeiten der eingebetteten (diskreten) MARKOWschen Kette (ξ_n) des SMP $(n = 1, 2, \ldots)$.

Ein SMP wird also durch folgende Größen charakterisiert:

Übergangsmatrix $((p_{ij}))$,
Matrix der Verweilzeitverteilungsfunktionen $((F_{ij}(t)))$ mit den zugehörigen Erwartungswerten: m_{ij}, $m_i = \sum_{(j)} p_{ij} m_{ij}$,
Anfangsverteilung $(P_i(0))$, $P_i(0) = \mathscr{P}(\xi_0 = i)$.

Konservative homogene MARKOWsche Ketten mit kontinuierlicher Zeit ohne absorbierende Zustände (d. h. ohne Zustände mit $p_{ij}(t) \equiv 1$) können als Spezialfall von SMP gedeutet werden: Bei ihnen sind die F_{ij} Exponentialverteilungen mit den vom nachfolgenden Zustand j unabhängigen Parametern $q_i > 0$,

$$F_{ij}(t) = 1 - e^{-q_i t};$$

die p_{ij} sind gleich

$$p_{ii} = 0, \quad p_{ij} = \frac{q_{ij}}{q_i}, \quad i \neq j.$$

Dabei sind q_i und q_{ij} die Intensitäten der MARKOWschen Kette. Für den folgenden Ergodensatz wird vorausgesetzt, daß

1. nicht sämtliche F_{ij} gitterförmig, also Verteilungsfunktionen diskreter Zufallsgrößen mit den Sprungstellen $a + k \cdot b$, $b > 0$, $k = 0, \pm 1, \pm 2, \ldots$, sind
2. der Zustandsraum E endlich ist und
3. die durch die Matrix $((p_{ij}))$ charakterisierte homogene diskrete MARKOWsche Kette irreduzibel und aperiodisch ist.

Mit (p_i) wird die nach dem Ergodensatz von MARKOW (vgl. 1.2) eindeutig bestimmte stationäre Anfangsverteilung dieser MARKOWschen Kette bezeichnet; es gilt nach (1.2.18)

$$p_j = \sum_{(i)} p_i p_{ij}; \qquad \sum_{(j)} p_j = 1. \tag{8.1.7}$$

Stationäre Zustandswahrscheinlichkeiten (Ergodensatz)

Satz von PYKE. *Es sei $\Phi_{k,ij}(t, \tau)$ die Wahrscheinlichkeit dafür, daß sich der SMP zur Zeit t im Zustand i befindet und beim nächsten Sprung, der spätestens zur Zeit $t + \tau$ erfolgt, im Zustand j ist, unter der Bedingung, daß er zur Zeit $t = 0$ im Zustand k war. Dann gilt unabhängig vom Anfangszustand k*

$$\lim_{t\to\infty} \Phi_{k,ij}(t, \tau) = \frac{p_i p_{ij}}{\sum_{(l)} m_l p_l} \int_0^\tau [1 - F_{ij}(u)]\, du. \tag{8.1.8}$$

Für $\tau \to \infty$ ergeben sich die stationären Zustandswahrscheinlichkeiten P_j des Prozesses (ξ_t) zu

$$P_j = \lim_{t\to\infty} \mathscr{P}(\xi_t = j \mid \xi_0 = k) = \frac{m_j p_j}{\sum_{(l)} m_l p_l}. \tag{8.1.9}$$

Wegen des Beweises vgl. [82].

Wartezeit bis zur nächsten k-Erneuerung ($k \in E$)

Jeder Übergang von einem beliebigen Zustand des SMP in den festen Zustand k wird „k-Erneuerung" genannt. Es seien M eine Teilmenge des Zustandsraumes E des SMP und $G_{i,k}^{(M)}(x)$ die Wahrscheinlichkeit dafür, daß ausgehend von Zustand $i \in M$ innerhalb der Zeit x eine k-Erneuerung stattfindet, ohne daß M vorher verlassen wurde ($k \in M$).

Es gilt

$$G_{i,k}^{(M)}(x) = \sum_{\substack{j\in M\\ j\neq k}} p_{ij} F_{ij} * G_{j,k}^{(M)}(x) + p_{ik} F_{ik}(x). \tag{8.1.10}$$

Beweis: Die k-Erneuerung findet innerhalb der Zeit x statt, wenn entweder ein direkter Übergang $i \to k$ in dieser Zeit erfolgt (mit Wahrscheinlichkeit $p_{ik}F_{ik}(x)$) oder wenn ein Übergang $i \to j$, $j \neq k$, stattfindet und die Summe der Verweilzeit im Zustand i unter der Bedingung, daß j folgt, und der Wartezeit bis zur nächsten k-Erneuerung, ausgehend vom Zustand j, kleiner als x ist. Die Verteilungsfunktion dieser Summe ist $F_{ij} * G_{j,k}^{(M)}$, womit auch der 1. Term in (8.1.10) erklärt ist.

Ausgehend von (8.1.10) kann man Gleichungssysteme für die LAPLACE-STIELTJES-Transformierten der $G_{i,k}^{(M)}$ und die Erwartungswerte $\gamma_{i,k}^{(M)}$ der Wartezeiten ableiten. Letzteres lautet:

$$\gamma_{i,k}^{(M)} = \sum_{\substack{j \in M \\ j \neq k}} p_{ij}\gamma_{j,k}^{(M)} + m_i. \tag{8.1.11}$$

Abstände der k-Erneuerungen ($k \in E$)

Die Verteilungsfunktion des Zeitabstandes zwischen zwei aufeinander folgenden k-Erneuerungen sei gleich $G_k(x)$. Offenbar gilt

$$G_k(x) = G_{k,k}^{(E)}(x).$$

Die Erwartungswerte γ_{kk} der Abstände zwischen k-Erneuerungen genügen unter Voraussetzung der Existenz und Eindeutigkeit einer Lösung von (8.1.7) der einfachen Beziehung

$$\gamma_{kk} = \frac{1}{p_k} \sum_{(i)} p_i m_i. \tag{8.1.12}$$

Diese erhält man, indem man (8.1.11) mit p_i multipliziert, über i summiert und

$$\sum_{(i)} (\gamma_{ik}p_i - \sum_{j \neq k} p_i p_{ij} \gamma_{jk}) = \sum_{(i)} \gamma_{ik}p_i - \sum_{j \neq k} \gamma_{jk}p_j = \gamma_{kk}p_k$$

berücksichtigt.

Aufenthaltszeit in einer Zustandsmenge ($M \subseteq E$)

M sei eine Teilmenge von Zuständen, $i \in M$. Gesucht ist die Verteilungsfunktion $G_i{}^M$ derjenigen Zeit, in der sich der Prozeß in M aufhält, wenn er in M mit dem Zustand i beginnt.

Es gilt

$$G_i^{(M)}(x) = \sum_{j \in M} p_{ij} F_{ij} * G_j^{(M)}(x) + \sum_{j \notin M} p_{ij} F_{ij}(x). \qquad (8.1.13)$$

Die Begründung dieser Formel ist analog der von (8.1.10). Für den zugehörigen Erwartungswert $m_i^{(M)}$, die mittlere Verweilzeit in M, wenn i der erste in M angenommene Zustand ist, erhält man aus (8.1.13) das Gleichungssystem

$$m_i^{(M)} = \sum_{j \in M} p_{ij} m_j^{(M)} + m_i, \qquad i \in M. \qquad (8.1.14)$$

Schließlich ergibt sich für die LAPLACE-STIELTJES-Transformierten $g_i^{(M)}(s)$ von $G_i^M(t)$

$$g_i^{(M)}(s) = \int_0^\infty e^{-st} \, dG_i^{(M)}(t)$$

das Gleichungssystem

$$g_i^{(M)}(s) = \sum_{j \in M} p_{ij} f_{ij}(s) \, g_i^{(M)}(s) + \sum_{j \notin M} p_{ij} f_{ij}(s), \; i \in M \qquad (8.1.15)$$

mit

$$f_{ij}(s) = \int_0^\infty e^{-st} \, dF_{ij}(t).$$

Palmsche Verteilung stationärer semi-Markowscher Punktprozesse

Es wird das folgende Modell eines Forderungenstromes betrachtet. Es sei (ξ_t) ein SMP mit den Charakteristiken $((p_{ij}))$ ((8.1.7) habe eine eindeutig bestimmte Lösung) und $((F_{ij}))$. Er möge sich im stationären Zustand befinden, d. h. die Wahrscheinlichkeit dafür, daß für einen beliebigen Zeitpunkt t der SMP im Zustand i ist und j als nächster Zustand spätestens zur Zeit $t + \tau$ eintritt, ist für alle $t \geqq 0$ gleich

$$\Phi_{ij}(t,\tau) = \frac{p_i p_{ij}}{\sum_{(l)} m_l p_l} \int_0^\tau [1 - F_{ij}(u)] \, du \qquad (\text{vgl. } (8.1.8)).$$

Diejenigen Zeitpunkte, in denen der SMP Sprünge hat, in denen also die nach F_{ij} verteilten Zeiten ablaufen, seien Ankunftszeitpunkte des Forderungenstromes. Sie bilden einen sogenannten stationären semi-MARKOwschen Punktprozeß (vgl. [37]).

Es sei nun t_0 ein beliebiger Ankunftszeitpunkt. Die folgenden Ankunftszeitpunkte seien $t_1, t_2, \ldots$, die Abstände zwischen den Ankünften seien $\alpha_1 = t_1 - t_0$, $\alpha_2 = t_2 - t_1, \ldots$. Wie groß ist die Wahrscheinlichkeit dafür, daß gilt

$$\alpha_1 < x_1, \alpha_2 < x_2, \ldots, \alpha_n < x_n?$$

Sie ist durch die sogenannte PALMsche Verteilung des Punktprozesses (vgl. [54]) gegeben,

$$\begin{aligned}&\mathscr{P}(\alpha_1 < x_1, \alpha_2 < x_2, \ldots, \alpha_n < x_n) \,|t_0 = \text{Ankunftspunkt}) \\ &= \sum_{(i,i_1,i_2,\ldots,i_n)} p_i p_{ii_1} p_{i_1i_2} \cdots p_{i_{n-1}i_n} F_{ii_1}(x_1)\, F_{i_1i_2}(x_2) \ldots F_{i_{n-1}i}(x_n).\end{aligned} \tag{8.1.16}$$

Die Formel (8.1.16) kann wie folgt gedeutet werden: Die Wahrscheinlichkeit dafür, daß der SMP zur Zeit t_0 seinen Zustand ändert und in i übergeht, zur Zeit t_1 den Zustand i verläßt und i_1 annimmt usw. und die Abstände zwischen den Sprüngen kleiner als x_1, x , ... sind, ist gleich

$$p_i p_{ii_1} p_{i_1i_2} \cdots p_{i_{n-1}i_n} F_{ii_1}(x_1)\, F_{i_1i_2}(x_2) \ldots F_{i_{n-1}i_n}(x_n)\,.$$

Summation über alle möglichen Folgen i, i_1, $i_2, \ldots, i_n$ liefert die gesuchte Wahrscheinlichkeit.

Das hier beschriebene Forderungenstrommodell ist von besonderer Bedeutung für die Bedienungstheorie, weil sich jeder Forderungenstrom, der durch einen stationären zufälligen Punktprozeß darstellbar ist, bezüglich der schwachen Konvergenz beliebig genau durch stationäre semi-MARKOwsche Punktprozesse approximieren läßt (vgl. [37]).

8.2. *Beispiele für die Anwendung von SMP*

8.2.1. *Verlustsystem M/G/1/0 mit unzuverlässigem Bedienungsapparat* (vgl. [7], S. 28)

Es wird ein Verlustsystem des Typs M/G/1/0 (Intensität des Forderungenstromes: λ, Bedienungszeitverteilung: $B(t)$) betrachtet, in dem sowohl bei besetztem als auch bei freiem Apparat Störungen eintreten können. Die ausfallfreie Zeit ist jeweils exponentiell verteilt mit den Parametern λ_0 (freier Apparat) bzw. λ_1 (besetzter Apparat), die Reparaturzeit hat in jedem Fall die Verteilungsfunktion $R(t)$ (Erwarungswert: m_R). Alle auftretenden Zufallsgrößen sollen stochastisch unabhängig sein. Beim Eintreten einer Störung geht die eventuell gerade bediente Forderung verloren, während einer Störung werden alle eintreffenden Forderungen abgelehnt. Gesucht sind die stationären Wahrscheinlichkeiten P_i, $i = 0, 1, 2$, für das Auftreten der Zustände

0: Der Apparat ist frei und ungestört;

1: Der Apparat bedient eine Forderung;

2: Der Apparat ist gestört.

Lösung: Es sei ξ_t der Zustand des Systems zur Zeit t. (ξ_t) ist ein SMP mit folgenden Charakteristiken:

a) $p_{00} = 0$, $p_{01} = \mathscr{P}$ (Pausenzeit < ausfallfreie Zeit)

$$= \int_0^\infty [1 - e^{-\lambda t}]\, \lambda_0\, e^{-\lambda_0 t}\, dt = \frac{\lambda}{\lambda_0 + \lambda},$$

$p_{02} = 1 - p_{01}$, $p_{10} = \mathscr{P}$ (Bedienungszeit < ausfallfreie Zeit)

$$= \int_0^\infty B(t)\, \lambda_1\, e^{-\lambda_1 t}\, dt,$$

$$p_{11} = 0,\ p_{12} = 1 - p_{10},\ p_{20} = 1,\ p_{21} = p_{22} = 0.$$

b) Die Aufenthaltsdauer im Zustand 0 ist gleich dem Minimum von Pausenzeit und ausfallfreier Zeit, die im Zustand 1 gleich dem Minimum von Bedienungszeit und ausfallfreier Zeit und die im Zustand 2 gleich der Reparaturzeit. Somit sind die Erwartungswerte m_i, $i = 0, 1, 2$, gleich

$$m_0 = \int_0^\infty e^{-\lambda t} e^{-\lambda_0 t} dt = (\lambda_0 + \lambda)^{-1},$$

$$m_1 = \int_0^\infty [1 - B(t)] e^{-\lambda_1 t} dt, \quad m_2 = m_R.$$

Die zur Berechnung der Wahrscheinlichkeiten P_i nach (8.1.9) (B und R seien nicht gitterförmig und mögen endliche Erwartungswerte besitzen) benötigten Wahrscheinlichkeiten p_i ergeben sich nach (8.1.7) als Lösung des Gleichungssystems

$$p_0 = p_{10} p_1 + p_2, \quad p_1 = \frac{\lambda}{\lambda + \lambda_0} p_0,$$

$$p_2 = \frac{\lambda_0}{\lambda_0 + \lambda} p_0 + (1 - p_{10}) p_1, \quad 1 = p_0 + p_1 + p_2.$$

(Da die eingebettete Kette irreduzibel und aperiodisch ist, kann der Satz von Pyke benutzt werden.)
Für den Spezialfall konstanter Bedienungszeiten der Länge b erhält man:

$$p_{10} = e^{-\lambda_1 b}, \quad p_0 = \frac{\lambda + \lambda_0}{a},$$

$$p_1 = \frac{\lambda}{a},$$

$$p_2 = \frac{\lambda_0 + \lambda(1 - e^{-\lambda_1 b})}{a}$$

mit $a = 2\lambda_0 + \lambda(3 - e^{-\lambda_1 b})$

$$\text{und } m_1 = \frac{1 - e^{-\lambda_1 b}}{\lambda_1}.$$

Für die P_i gilt nach (8.1.9)

$$P_i = \frac{m_i p_i}{m_0 p_0 + m_1 p_1 + m_2 p_2}, \quad i = 0, 1, 2. \qquad (8.2.1)$$

8.2.2. Verlustwahrscheinlichkeit in einem Bedienungssystem mit semi-Markowschem Forderungenstrom und einem Bedienungsapparat

Ein Verlustsystem vom Typ G/M/1/0 mit einem Bedienungsapparat und exponentiell verteilten Bedienungszeiten (Parameter: μ) habe einen Forderungenstrom, der durch einen SMP mit den Charakteristiken $((p_{ij}))$ und $((F_{ij}))$ beschrieben wird, wobei angenommen wird, daß die zur Übergangsmatrix $((p_{ij}))$ gehörende MARKOWsche Kette ergodisch ist.

Gesucht ist die Wahrscheinlichkeit p_V dafür, daß im stationären Fall eine eintreffende Forderung nicht bedient wird und verloren geht. (Sätze, die die Existenz von Verlustwahrscheinlichkeiten im stationären Fall sichern, wurden von FRANKEN [24] und BOROWKOW [5] angegeben.)

Lösung: Es wird im stationären Fall ein beliebiger Ankunftszeitpunkt t_1 betrachtet; der vorangegangene Ankunftszeitpunkt sei t_0. Die zur Zeit t_1 eintreffende Forderung findet das System besetzt vor, wenn die Zeitdifferenz $\alpha = t_1 - t_0$ kleiner ist als die Restbedienungszeit ξ (falls zur Zeit t_0 eine Bedienung lief) oder die Bedienungszeit η (falls zur Zeit t_0 eine Bedienung begann). Da die Bedienungszeiten exponentiell verteilt sind, haben ξ und η dieselbe Exponentialverteilung. Es gilt also

$$p_V = \int_0^\infty e^{-\mu t} dA(t),$$

wobei A die Verteilungsfunktion von α ist. Diese ist durch die PALMsche Verteilung des den Forderungenstrom beschreibenden stationären semi-MARKOWschen Punktprozesses gegeben. Nach (8.1.16) gilt

$$A(t) = \sum_{(i,j)} p_i p_{ij} F_{ij}(t),$$

wobei die p_i nach (8.1.7) zu bestimmen sind. Für p_V ergibt sich somit der Ausdruck

$$p_V = \sum_{(i,j)} p_i p_{ij} \int_0^\infty e^{-\mu t}\, dF_{ij}(t). \tag{8.2.2}$$

Weitere Systeme mit semi-MARKOWschen Forderungenströmen oder Bedienungsfolgen findet man u. a. in [11, 12, 23, 65].

8.2.3. Doublierung und Erneuerung — Beispiel für einen eingebetteten SMP

Es wird ein Zuverlässigkeitsmodell betrachtet, das aus zwei Elementen E_1 und E_2 besteht. Zur Zeit $t = 0$ beginnt E_1 zu arbeiten und fällt nach $t = \xi_1$ aus. In diesem Zeitpunkt nimmt E_2 die Arbeit auf (Arbeitsdauer: ξ_2), und E_1 wird repariert (Reparaturzeit: η_1). Falls $\xi_2 \geqq \eta_1$, beginnt zur Zeit $t = \xi_1 + \xi_2$ wieder E_1 zu arbeiten, während E_2 repariert wird; falls $\xi_2 < \eta_1$, beendet das System zur Zeit $t = \xi_1 + \xi_2$ seine Arbeit usw.

Die ξ_i und η_i seien stochastisch unabhängige, nach den Verteilungsfunktionen F (Erwartungswert: m) und G verteilte Zufallsgrößen. Gesucht ist die mittlere Lebensdauer T des Systems.

L ö s u n g (nach KOROLJUK, vgl. [7], S. 51/52; ein anderer Lösungsweg wird in [32], S. 180ff. gegeben): Es sei g_t die Anzahl der zur Zeit t arbeitsfähigen Elemente. Zur Zeit $t = 0$ gilt $g_0 = 2$; das System fällt aus, wenn g_t erstmalig den Wert 0 erreicht.

(g_t) ist kein MARKOWscher Prozeß und auch kein SMP; die mittlere Zeit bis zum Erreichen des Zustandes 0 kann jedoch mit Hilfe eines geeigneten eingebetteten SMP

(ζ_t) berechnet werden. Dieser wird wie folgt definiert:

$$\zeta_t = 2, \quad 0 \leqq t < \xi_1,$$

$$\zeta_t = \text{Zustand von } g_t \text{ nach dem letzten Ausfall vor } t$$

$$= g_{N(t)},$$

$$N(t) = \sup\{n \colon S_n \leqq t\}, \ S_n = \xi_1 + \xi_2 + \cdots + \xi_n,$$

$$g_n = g(S_n + 0).$$

Eine Realisierung dieses gegenüber (g_t) vergröberten Prozesses ist in Abb. 7 dargestellt.

(ζ_t) hat folgende Charakteristiken:

$$p_{00} = 1, \ p_{01} = p_{02} = 0; \ p_{10} = \mathscr{P}(\xi_1 < \eta_1) = \int_0^\infty G(t) \, \mathrm{d} F(t),$$

$$p_{11} = 1 - p_{10}, \ p_{12} = 0, \ p_{21} = 1, \ p_{20} = p_{22} = 0,$$

$$m_1 = m_2 = m.$$

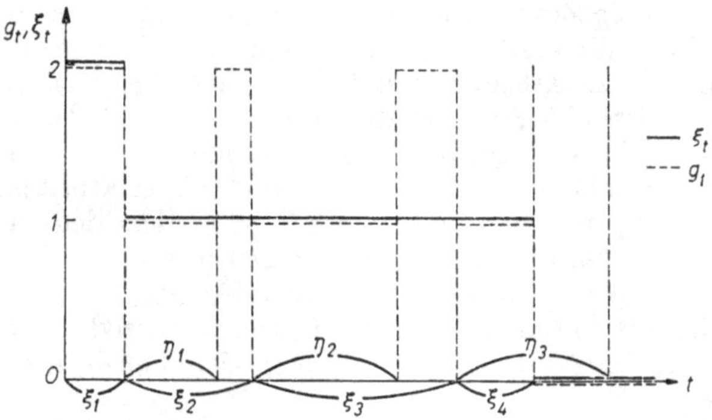

Abb. 7. Realisierungen der Prozesse (g_t) und (ζ_t)

Offenbar ist die Systemlebensdauer gleich der Aufenthaltsdauer des Prozesses (ζ_t) in der Zustandsmenge $\{2, 1\}$.

Nach (8.1.14) kann die mittlere Systemlebensdauer $T = m_2^{(\{2,1\})}$ berechnet werden:

$$m_1^{(\{2,1\})} = p_{11} m_1^{(\{2,1\})} + m_1, \quad m_2^{(\{2,1\})} = p_{21} m_1^{(\{2,1\})} + m_2.$$

Offenbar gilt $m_1^{(\{2,1\})} = m_2^{(\{2,1\})} - m$, und man erhält

$$T = m_2^{(\{2,1\})} = m + \frac{m}{p_{10}},$$

$$T = m + \frac{m}{\int\limits_0^\infty G(t)\,\mathrm{d}F(t)}. \tag{8.2.3}$$

9. Methode der Integralgleichungen. Weitere Formeln für Wartesysteme

9.0. Vorbemerkungen

Wartesysteme des Typs GI/G/s gehören zu den wichtigsten in der Bedienungstheorie behandelten Modellen. Zu ihrer Untersuchung wurden die verschiedensten Methoden angewendet, und es liegen zahlreiche Einzelresultate vor. Für den Spezialfall von Wartesystemen mit einem Apparat sei besonders auf das Buch von Cohen [13] verwiesen. Bis heute gibt es aber außer für Spezialfälle keine hinreichend einfachen, praktisch unmittelbar nutzbaren Formeln für so wichtige Größen wie die mittlere Wartezeit der Forderungen im stationären Fall.

In den folgenden Abschnitten werden einige wichtige, allgemeingültige theoretische Aussagen und praktisch nutzbare Formeln zusammengestellt. Weitere Ergebnisse für Wartesysteme findet man außerdem in 2.3.1, 4.2.1, 11.1 und 11.2.

9.1. Methode der Integralgleichungen

Für die Wartezeiten im Modell GI/G/1 gilt folgende Rekursionsformel (vgl. Abb. 8):

$$\gamma_{n+1} = \max\{0, \gamma_n + \beta_n - \alpha_n\}, \qquad n = 1, 2, \ldots; \tag{9.1.1}$$

γ_n = Wartezeit der n-ten Forderung;

α_n = Pausenzeit zwischen den Ankünften der n-ten und $(n+1)$-ten Forderung;

β_n = Bedienungszeit der n-ten Forderung.

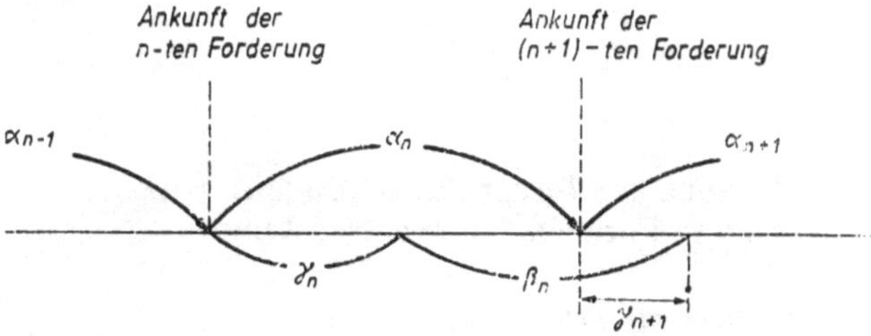

Abb. 8. Schematische Darstellung von Bedienungs-, Pausen- und Wartezeiten bei GI/G/1

Die Verteilungsfunktion der α_n sei $A(t)$, die der β_n $B(t)$; die zugehörigen Erwartungswerte und Varianzen seien m_A, m_B, σ_A^2 und σ_B^2. Aus (9.1.1) ist ersichtlich, daß (γ_n) ein homogener diskreter MARKOWscher Prozeß mit $E = [0,\infty)$ ist. (MARKOWsch wegen der Unabhängigkeit der α_n und β_n; homogen, weil die α_n und β_n für alle n dieselben Verteilungen haben.)

Die Übergangsverteilungsfunktion $F(x, y)$,

$$F(x, 1, y) = F(x, y) = \mathscr{P}(\gamma_{n+1} < y \mid \gamma_n = x),$$

ist gleich

$$F(x, y) = K(y - x), \tag{9.1.2}$$

wobei K die Verteilungsfunktion der Differenz $\beta_n - \alpha_n$ (die nicht identisch verschwinden möge) bezeichnet:

$$K(t) = \int_{\max\{0, -t\}}^{\infty} B(t + u)\, \mathrm{d}A(u), \qquad -\infty < t < \infty.$$

Es gilt nämlich für $x, y \geqq 0$

$$\begin{aligned}\mathcal{P}(\gamma_{n+1} < y \mid \gamma_n = x) \\ &= \mathcal{P}(\max\{0, x + \beta_n - \alpha_n\} < y) \\ &= \mathcal{P}(x + \beta_n - \alpha_n < y) \\ &= \mathcal{P}(\beta_n - \alpha_n < y - x) \\ &= K(y - x).\end{aligned}$$

Entsprechend (9.1.1) hat man für die Verteilungsfunktionen $W_n(x) = \mathcal{P}(\gamma_n < x)$ die Rekursionsformel

$$W_{n+1}(y) = \int_{0-}^{\infty} K(y - x) \, \mathrm{d}W_n(x) \text{ [1]}.$$

Für die *stationäre Wartezeitverteilungsfunktion* W (die stationäre Anfangsverteilung des Prozesses (γ_n)) gilt folglich (falls sie existiert) die LINDLEY*sche Integralgleichung*

$$W(y) = \int_{0-}^{\infty} K(y - x) \, \mathrm{d}W(x). \qquad (9.1.3)$$

Über die Existenz der stationären Verteilung und ihrer Momente gibt folgender Satz Auskunft.

Satz: *Im Fall $m_A \leqq m_B$ existiert keine stationäre Wartezeitverteilung. Im Fall $m_A > m_B$ existiert eine stationäre Wartezeitverteilung W, gegen die die W_n bei beliebiger Anfangsverteilung W_1 schwach konvergieren (punktweise Konvergenz in allen Stetigkeitspunkten von W). W hat ein endliches k-tes Moment, wenn das $(k+1)$-te Moment der Bedienungszeit endlich ist* [46, 73].

Anschaulich bedeutet die Bedingung $m_A > m_B$, daß im Mittel nicht mehr Forderungen eintreffen als auch bedient werden können, vgl. S. 145.

---

[1]) Die untere Grenze „0−" soll darauf aufmerksam machen, daß in dem STIELTJES-Integral der Anteil $W_n(0+) \cdot K(y)$ mit zu erfassen ist; er ist gleich der Wahrscheinlichkeit dafür, daß die $(n+1)$-te Forderung eine Wartezeit $< y$ hat, wenn die n-te nicht zu warten brauchte.

Beweis (vgl. [32]): Die Existenzaussage über die stationäre Verteilung wurde von LINDLEY (1952) gefunden. Hier soll nur gezeigt werden, daß für $\gamma_1 = 0$ (die erste Forderung wartet nicht) und $m_A > m_B$ die Folge (W_n) schwach gegen eine Verteilungsfunktion konvergiert, die die Lösung von (9.1.3) ist.

Es sei $\delta_n = \beta_n - \alpha_n$. Dann nimmt (9.1.1) die Form

$$\gamma_{n+1} = \max\{0, \gamma_n + \delta_n\}, \qquad n = 1, 2, \ldots,$$

an. Im Fall $\gamma_1 = 0$ kann man γ_{n+1} auch als

$$\gamma_{n+1} = \max\{0, S_1, S_2, \ldots, S_n\}, \qquad (9.1.4)$$
$$S_n = \delta_1 + \delta_2 + \cdots + \delta_n$$

schreiben. Offensichtlich ist die Wahrscheinlichkeit

$$W_{n+1}(x) = \mathscr{P}(\gamma_{n+1} < x) = \mathscr{P}(\max\{0, S_1, S_2, \ldots, S_n\} < x)$$

kleiner als

$$W_n(x) = \mathscr{P}(\gamma_n < x) = \mathscr{P}(\max\{0, S_1, S_2, \ldots, S_{n-1}\} < x).$$

Daher gilt

$$W_n(x) \geqq W_{n+1}(x),$$

woraus die Existenz des Grenzwertes

$$W(x) = \lim_{n\to\infty} W_n(x)$$

im Sinne der schwachen Konvergenz folgt. Es verbleibt zu zeigen, daß $W(\infty) = 1$.

Nach dem starken Gesetz der großen Zahlen gibt es zu beliebigem $\varepsilon > 0$, $\delta > 0$ ein N mit

$$\mathscr{P}\left(\sup_{n\geqq N}\left|\frac{S_n}{n} - d\right| > \delta\right) < \varepsilon, \; d = \mathscr{E}\delta_n = m_B - m_A < 0$$

und speziell für $\delta < \left|\frac{d}{2}\right|$

$$\mathscr{P}\left(\sup_{n\geqq N} S_n > x\right) = \mathscr{P}\left(\sup_{n\geqq N} S_n > 0\right) = \mathscr{P}\left(\sup_{n\geqq N} \frac{S_n}{n} > 0\right) < \varepsilon$$

für alle $x \geqq 0$.

Für endliches N ist $\mathscr{P}\left(\sup_{n \leq N} S_n < x\right)$ stets eine Verteilungsfunktion, es existiert also ein x_0 mit $\mathscr{P}\left(\sup_{n \leq N} S_n > x\right) < \varepsilon$ für alle $x \geq x_0$. Insgesamt ergibt sich für alle $x > x_0$

$$1 - W(x) = \mathscr{P}\left(\sup_{(n)} S_n > x\right) \leq \mathscr{P}\left(\sup_{n \leq N} S_n > x\right) + \mathscr{P}\left(\sup_{n \geq N} S_n > x\right) < 2\varepsilon,$$

d. h.

$$\lim_{x \to \infty} W(x) = 1.$$

Die Behandlung der Integralgleichung (9.1.3) — sie ist vom WIENER-HOPF-Typ — erfolgt mit *funktionentheoretischen Hilfsmitteln* (vgl. [5, 13, 32, 68]), die zur LAPLACE-STIELTJES-*Transformierten* $W^*(s)$ von W führen.

Diese hat folgende Gestalt

$$W^*(s) = \exp\left[\sum_{n=1}^{\infty} \frac{1}{n} \int_0^{\infty} (1 - e^{-sx})\, dK^{*(n)}(x)\right], \tag{9.1.5}$$

wobei $K^{*(n)}$ die n-fache Faltung von K bezeichnet (SPITZER (1956)). Aus (9.1.5) ergibt sich für den *Erwartungswert der stationären Wartezeit* m_W nach (1.1.21)

$$m_W = \sum_{n=1}^{\infty} \frac{1}{n} \int_0^{\infty} x\, dK^{*(n)}(x). \tag{9.1.6}$$

In dem Fall, daß entweder die Bedienungs- oder Pausenzeitverteilungsfunktion eine *rationale* LAPLACE-STIELTJES-Transformierte hat, existiert eine wesentlich einfachere Methode zur Ermittlung von $W^*(s)$ (vgl. [5, 32]).

Für einige spezielle Modelle kann man mittels (9.1.3) durch geeignete Ansätze für W die Lösung bestimmen.

Beispiel: Wir betrachten das Modell GI/M/1 (Pausenzeitverteilung: $A(t)$, Parameter der Bedienungszeit: μ) und machen für W den Ansatz

$$W(t) = a + b\,\mathrm{e}^{-ct}. \tag{9.1.7}$$

Die LINDLEYsche Integralgleichung lautet für dieses Modell

$$W(y) = \int\limits_{0-}^{\infty} \int\limits_{0}^{\infty} [1 - \mathrm{e}^{-\mu(y-x+u)}]\,\mathrm{d}A(u)\,\mathrm{d}W(x)$$

$$\text{mit} \quad K(t) = \int\limits_{\max\{0,-t\}}^{\infty} [1 - \mathrm{e}^{-\mu(t+u)}]\,\mathrm{d}A(u).$$

Geht man mit dem Ansatz (9.1.7) in diese Integralgleichung hinein, so kann man a, b und c durch Koeffizientenvergleich ermitteln. Man erhält

$$W(t) = \begin{cases} 0, & t \leqq 0, \\ 1 - \zeta\,\mathrm{e}^{-\mu(1-\zeta)t}, & t > 0, \end{cases} \tag{9.1.8}$$

wobei ζ die Lösung der Gleichung

$$\int\limits_{0}^{\infty} \mathrm{e}^{-(\mu-\mu z)t}\,\mathrm{d}A(t) = z$$

mit $0 < \zeta < 1$ ist.

Die Wahrscheinlichkeit dafür, daß im stationären Fall eine eintreffende Forderung warten muß, ist gleich ζ; der Erwartungswert der stationären Wartezeit m_W ist gleich

$$m_W = \frac{\zeta}{(1-\zeta)\,\mu}. \tag{9.1.9}$$

Es sei bemerkt, daß man mit Hilfe von Integralgleichungen auch Wartesysteme mit einem Bedienungsapparat mit Besonderheiten (z. B. Verzögerungen) zu Beginn von Bedienungen unmittelbar nach Untätigkeitszeiten behandeln kann (vgl. [76]).

9.2. *Wartezeiten in GI/G/s-Systemen*

Nach KIEFER-WOLFOWITZ [47] (vgl. [32]) existiert in einem GI/G/s-System eine *stationäre Wartezeitverteilung*, wenn gilt

$$\varrho = \frac{m_B}{m_A} < s. \tag{9.2.1}$$

Diese Beziehung wird genauso wie im Fall $s = 1$ (vgl. S. 139) gedeutet. Formeln für die stationäre Wartezeitverteilung W existieren nur in wenigen Spezialfällen.

Beispiel 1: M/M/s $\left(\lambda = m_A^{-1}, \mu = m_B^{-1}, \varrho = \frac{\lambda}{\mu}\right)$,

$$W(t) = \begin{cases} 0, & t \leqq 0, \\ 1 - p_W \, e^{-(s\mu - \lambda)t}, & t > 0, \end{cases} \tag{9.2.2}$$

$$p_W = \frac{\varrho^s P_0^0}{(s-1)!\,(s-\varrho)}, \tag{9.2.3}$$

$$P_0^0 = \left[\sum_{k=0}^{s} \frac{\varrho^k}{k!} + \frac{\varrho^{s+1}}{s!(s-\varrho)}\right]^{-1}.$$

p_W ist gleich der *Wahrscheinlichkeit dafür, daß eine im stationären Zustand eintreffende Forderung warten muß.*

Man findet (9.2.2) in zwei Schritten (vgl. [32]):

1. Berechnung der Wahrscheinlichkeiten P_i^0 dafür, daß im stationären Zustand eine ankommende Forderung i andere Forderungen im System antrifft (mittels der Δt-Methode, vgl. S. 51).
2. Berechnung der Wahrscheinlichkeiten $W_i(t)$ dafür, daß die Wartezeit einer Forderung, die i andere Forderungen im System antrifft, kleiner als t ist,

$$W(t) = \sum_{i=0}^{\infty} P_i^0 W_i(t).$$

Zahlenwerte für p_W und die mittlere stationäre Wartezeit m_W findet man in Tafel 2.

Beispiel 2: Mittels einer Methode von Crommelin (vgl. [68, 77]) kann die Wartezeitverteilung auch in M/D/s-Systemen erhalten werden. Für den *Erwartungswert m_W der stationären Wartezeit* gilt

$$m_W = \sum_{i=1}^{\infty} e^{-i\lambda m_B} \sum_{j=i\cdot s+1}^{\infty} \frac{j - si}{j!} (i\lambda m_B)^{j-1}, \tag{9.2.4}$$

wobei λ die Intensität des Forderungenstromes und m_B die Bedienungszeit sind.

Die Methode beruht darauf, daß man die Wahrscheinlichkeit $P_j(t + m_B)$ dafür, daß zur Zeit $t + m_B$ j Forderungen im System sind, aus den entsprechenden Wahrscheinlichkeiten $P_i(t)$ zur Zeit t gemäß

$$P_j(t + m_B) = \sum_{i=0}^{s} P_i(t) \, e^{-\lambda m_B} \frac{(\lambda m_B)^j}{j!} + \sum_{i=s+1}^{\infty} P_i(t) \, e^{-\lambda m_B} \frac{(\lambda m_B)^{j-i+s}}{(j-i+s)!}$$

rekursiv berechnet werden kann. (Von den zur Zeit t im System befindlichen Forderungen sind $\min\{s, i\}$ zur Zeit $t + m_B$ fertig bedient; die Wahrscheinlichkeit dafür, daß im Zeitintervall $[t, t + m_B)$ k neue Forderungen eintreffen, ist gleich $e^{-\lambda m_B} \frac{(\lambda m_B)^k}{k!}$.)

In der Tafel 1 findet man für verschiedene s-Werte in Abhängigkeit von ϱ die mittlere stationäre Wartezeit m_W und die stationäre Wahrscheinlichkeit p_W dafür, daß eine eintreffende Forderung warten muß.

9.3. *Weitere Formeln für Wartesysteme* GI/G/*s*

Parameter: $m_A = \lambda^{-1}$, m_B

Mittlere Anzahl der besetzten Apparate m_{bes} *im stationären Zustand*

$$m_{\text{bes}} = \frac{m_B}{m_A} = \varrho. \tag{9.3.1}$$

Speziell im Fall $s = 1$ gilt $m_s = \mathscr{P}$ (Apparat ist besetzt) $= P_{\text{bes}}$, also (vgl. [26]).

$$P_{\text{bes}} = \varrho \tag{9.3.2}$$

Die Formel (9.3.1) ist eine einfache *Bilanzgleichung*: Je Zeiteinheit treffen im System im Mittel m_A^{-1} Forderungen ein. Damit das System im stationären Zustand verbleibt, müssen je Zeiteinheit ebenso viele bedient werden. Da jeder einzelne Apparat je Zeiteinheit m_B^{-1} Forderungen bedienen kann, ist es erforderlich, daß im Mittel $\frac{m_B}{m_A}$ Apparate arbeiten.

Die *Erwartungswerte der Warteschlangenlänge* m_S und der *Wartezeit* m_W eines im stationären Zustand befindlichen Wartesystems stehen in dem Zusammenhang (*Formel von* LITTLE)

$$m_S = \lambda m_W. \tag{9.3.3}$$

Die Richtigkeit von (9.3.3) kann anschaulich wie folgt eingesehen werden (wegen eines strengen Beweises vgl. [26]): Im stationären Zustand des Systems ist der Erwartungswert W_T der im Zeitintervall $[0, T]$ insgesamt angefallenen Wartezeiten gleich $m_S \cdot T$. Es gilt aber auch

$$W_T = m_W \lambda T,$$

da die mittlere Anzahl der in $[0, T]$ eintreffenden Forderungen gleich λT ist. Damit ergibt sich

$$W_T = m_S \cdot T = m_W \cdot \lambda T$$

und (9.3.3).

Wenn mehrere Forderungenströme von einem Bedienungsapparat bedient werden, gilt (9.3.3) für jeden Strom einzeln.

Zusammenhang zwischen Wartezeit- und Schlangenlängenverteilung

Bei gegebener stationärer Wartezeitverteilungsfunktion W eines GI/G/s-Systems kann man die Schlangenlängenverteilung im stationären Fall wie folgt ermitteln:

$$Q_i^0 = \int_0^\infty A^{*(i)}(t)\,\mathrm{d}W(t), \qquad i = 1, 2, \ldots, \tag{9.3.4}$$

$$Q_1 = \int_0^\infty \lambda \int_0^t [1 - A(x)]\,\mathrm{d}x\,\mathrm{d}W(t), \tag{9.3.5}$$

$$Q_i = \int_0^\infty \hat{A}^{*(i)}(t)\,\mathrm{d}W(t), \qquad i = 2, 3, \ldots, \tag{9.3.6}$$

$Q_i^0 = \mathscr{P}$ (eine ankommende Forderung trifft mindestens i wartende Forderungen an);

$Q_i = \mathscr{P}$ (in einem beliebigen Zeitpunkt warten mindestens i Forderungen);

$A^{*(i)}$ = i-te Faltungspotenz der Pausenzeitverteilung A;

$$\hat{A}^{*(i)}(t) = \int_0^t A^{*(i-1)}(t-u)\lambda\,[1 - A(u)]\,\mathrm{d}u.$$

Beweis von (9.3.4): Wir betrachten eine eintreffende Forderung und geben ihr die Nummer 0, der vorangegangenen die Nummer 1 usw. Die Forderung 0 trifft mindestens i wartende Forderungen an, wenn bei ihrer Ankunft noch die Forderung Nr. i wartet. Die Wahrscheinlichkeit dafür ist gleich der, daß die Wartezeit der Forderung Nr. i größer als die Summe der i Pausenzeiten zwischen i-ter und $(i-1)$-ter, ..., 1. und 0. Forderung ist. Im stationären Zustand haben alle Wartezeiten die Verteilung W. Daher und wegen der Unabhängigkeit der Wartezeit von den folgenden Pausenzeiten läßt sich die Wahrscheinlichkeit Q_i^0 in der Gestalt (9.3.4) schreiben. (9.3.5) und (9.3.6) kann man ähnlich beweisen, wenn man die Gestalt der Restpausenzeitverteilung im stationären Zustand berücksichtigt. Nur im Fall von M/G/s-Systemen gilt $Q_i = Q_i^0$ und schärfer

$$P_i = P_i^0, \tag{9.3.7}$$

wobei $P_i = \mathscr{P}$ (im stationären Zustand sind i Forderungen im System); $P_i^0 = \mathscr{P}$ (im stationären Zustand trifft eine ankommende Forderung i andere Forderungen an).

Allgemein gilt aber

$$P_i^0 = \overline{P}_i \qquad (9.3.8)$$

mit $\overline{P}_i = \mathscr{P}$ (im stationären Zustand läßt eine bediente Forderung i Forderungen im System zurück) (vgl. [26]).

10. Die Methode der Zusatzereignisse

10.0. Vorbemerkungen

Die Methode der Zusatzereignisse ist eine relativ neue Methode in der Bedienungs- und Zuverlässigkeitstheorie. Sie gestattet es, Formeln für erzeugende Funktionen von Verteilungsgesetzen diskreter Zufallsgrößen und für LAPLACE-STIELTJES-Transformierte von Verteilungsfunktionen nichtdiskreten Zufallsgrößen bei Bedienungs- bzw. Zuverlässigkeitsmodellen (die natürlich auch mit den „klassischen" Verfahren erhalten werden können) sehr einfach und elegant herzuleiten.

Die Methode beruht auf Wahrscheinlichkeitsinterpretationen von erzeugenden Funktionen bzw. LAPLACE-STIELTJES-Transformierten für reelle nichtnegative z bzw. s. Sie wurde von VAN DANTZIG, H. KESTEN / J. RUNNENBURG (1956) ("method of collective marks") bzw. G. P. KLIMOW (1966) („Katastrophenmethode") vorgeschlagen und bisher vor allem bei der analytischen Behandlung von Bedienungssystemen mit Prioritäten angewendet (vgl. [34]).

10.1. Wahrscheinlichkeitsinterpretation von erzeugenden Funktionen und Laplace-Stieltjes-Transformierten

Erzeugende Funktionen. Es sei ν eine Zufallsgröße, die die Werte $0, 1, 2, \ldots$ mit den Wahrscheinlichkeiten

$$\mathscr{P}(\nu = i) = p_i, \qquad i = 0, 1, 2, \ldots,$$

annehmen kann. Zur Veranschaulichung wollen wir im Fall $\nu = i$ sagen, daß i Forderungen eingetroffen sind.

Die erzeugende Funktion $P^*(z)$ der Verteilung $(p_i)_{i=0,1,2,\ldots}$ ist z gemäß (1.1.18) gleich

$$P^*(z) = \sum_{i=0}^{\infty} p_i z^i. \tag{10.1.1}$$

Für das Folgende setzen wir voraus, daß z zwischen Null und Eins liegt und stellen uns nun vor, daß die einzelnen Forderungen unabhängig voneinander mit Wahrscheinlichkeit z rot und Wahrscheinlichkeit $1 - z$ blau gefärbt werden. Die Wahrscheinlichkeit dafür, daß i aufeinanderfolgende Forderungen rot gefärbt wurden, ist dann gleich z^i. Nach dem Satz über die totale Wahrscheinlichkeit wird dann die Wahrscheinlichkeit dafür, daß alle ν aufgetretenen Forderungen rot sind, durch (10.1.1) gegeben, die Werte der erzeugenden Funktion $P^*(z)$ werden also als Wahrscheinlichkeiten interpretiert.

Laplace-Stieltjes-Transformierte. Es sei η die Lebensdauer eines Elements mit der Verteilungsfunktion F. Während der Lebenszeit des Elements läuft ein POISSONscher Forderungenstrom mit der Intensität s, $0 < s < \infty$, der das Eintreten von „Katastrophen“ beschreibt. Die Wahrscheinlichkeit dafür, daß in einem Zeitintervall der Länge $t \geqq 0$ keine Katastrophe eintritt, ist gleich e^{-st}. Damit ist die Wahrscheinlichkeit dafür, daß während der zufälligen Lebensdauer η des Elements keine Katastrophe eintritt, gleich

$$F^*(s) = \int_0^\infty e^{-st}\,dF(t)\,; \tag{10.1.2}$$

sie wird gemäß (1.1.19) also durch die LAPLACE-STIELTJES-Transformierte von F gegeben, wobei s eine positive reelle Zahl ist.

Nunmehr ist die Bezeichnung „Methode der Zusatzereignisse" verständlich: Man betrachtet die zusätzlichen zufälligen Ereignisse „eine Forderung ist rot" oder „eine Katastrophe tritt ein". Daß diese Vergrößerung der Anzahl der zu betrachtenden zufälligen Ereignisse sinnvoll ist, zeigen die folgenden Beispiele.

10.2. Anwendungsbeispiele

Unsere Beispiele zur Anwendung der Methode der Zusatzereignisse sind bewußt einfach gewählt. Für kompliziertere Beispiele sei auf [34] verwiesen, wo von ihr durchgehend Gebrauch gemacht wird. Dabei werden auch Probleme betrachtet, bei denen es zweckmäßig ist, *zugleich* gefärbte Forderungen und Katastrophen zu betrachten.

10.2.1. Anzahl der Ausfälle eines großen Systems während der Reparatur eines Elementes

In einem großen System mögen die Ausfälle von Elementen einen POISSONschen Forderungsstrom der Intensität λ bilden. Die Reparaturzeiten seien Zufallsgrößen mit der Verteilungsfunktion R und der LAPLACE-STIELTJES-Transformierten R^*,

$$R^*(s) = \int_0^\infty e^{-st}\,dR(t)\,.$$

Es sei p_i die Wahrscheinlichkeit dafür, daß während einer Reparatur genau i Reparaturforderungen zu verzeichnen sind[1]). Gesucht ist die erzeugende Funktion $P^*(z)$ der Verteilung $(p_i)_{i=0,1,\ldots}$,

$$P^*(z) = \sum_{i=0}^{\infty} p_i z^i .$$

Alle Forderungen werden unabhängig voneinander mit Wahrscheinlichkeit z, $0 < z < 1$, rot bzw. mit Wahrscheinlichkeit $1 - z$ blau gefärbt. $P^*(z)$ ist dann die Wahrscheinlichkeit dafür, daß alle Forderungen, die während einer Reparatur eintreffen, rot sind.

Die blauen Forderungen bilden einen Forderungenstrom, der ebenfalls ein POISSONscher Forderungenstrom ist und der die Intensität $\lambda(1 - z)$ hat. Die Wahrscheinlichkeit dafür, daß während der Zeit t keine blaue Forderung eintrifft, ist also gleich $e^{-\lambda(1-z)t}$.

Folglich ergibt sich die gesuchte Wahrscheinlichkeit $P^*(z)$ dafür, daß alle während einer Reparatur eintreffenden Forderungen rot sind, zu

$$P^*(z) = \int_0^{\infty} e^{-\lambda(1-z)t} \, dR(t) . \tag{10.2.1}$$

Das Integral in (10.2.1) kann auch in der Form $R^*(\lambda - \lambda z)$ geschrieben werden, womit sich

$$P^*(z) = R^*(\lambda - \lambda z) \tag{10.2.2}$$

ergibt. Die mittlere Anzahl der Ausfälle während einer Reparatur ist nach (1.1.21) gleich

$$P^{*\prime}(0) = \lambda m_R ,$$

wobei m_R den Erwartungswert der Reparaturzeit bezeichnet.

---

[1]) p_i kann auch als Wahrscheinlichkeit dafür gedeutet werden, daß in einem M/G/1-System während der Bedienung einer Forderung i weitere Forderungen eintreffen.

10.2.2. Belegungszeit beim Modell M/G/1 (vgl. [34], S. 12)

Unter der Belegungszeit bei einem Wartemodell mit einem Bedienungsapparat versteht man die Zeit, in der der Bedienungsapparat ununterbrochen arbeitet, wobei zu Beginn nur eine gerade angekommene Forderung im System ist.

Es sei Π die Verteilungsfunktion der Belegungszeit beim Modell M/G/1 mit der Bedienungszeitverteilungsfunktion B, der Intensität des Forderungenstromes λ mit

$$\varrho = \lambda m_B < 1 .$$

Für die LAPLACE-STIELTJES-Transformierte von Π gilt die Gleichung

$$\Pi^*(s) = B^*\big(s + \lambda - \lambda \Pi^*(s)\big), \quad \text{vgl. [32].} \tag{10.2.3}$$

Durch Differentiation beider Seiten von (10.2.3) bei $s \to 0$ ergeben sich für das 1. und 2. Moment der Belegungszeit die Formeln

$$\pi_1 = \frac{m_B}{1 - \lambda m_B}, \quad \pi_2 = \frac{m_B{}^2 + \sigma_B{}^2}{(1 - \lambda m_B)^3}. \tag{10.2.4}$$

Beweis von (10.2.3): Die Belegungszeit ζ in M/G/1 kann wie folgt dargestellt werden:

$$\zeta = \beta + \sum_{i=0}^{\nu} \zeta_i . \tag{10.2.5}$$

Dabei sind β die Bedienungszeit der 1. Forderung der Belegungszeit, ν die Anzahl der während ihrer Bedienung eintreffenden Forderungen, $\zeta_0 = 0$ und die ζ_i unabhängige Zufallsgrößen, die wie ζ verteilt sind. (10.2.5) liegt folgende Überlegung zugrunde: Die Länge der Belegungszeit bleibt unverändert, wenn die Forderungen in folgender Reihenfolge bedient werden: Zuerst die 2. Forderung und alle die Forderungen, die während ihrer Bedienung und anschließend eintreffen, solange keine

Unterbrechung der Arbeit des Bedienungsgerätes eintritt, dann die 3. Forderung usw. und schließlich die ν-te Forderung usw. Die Zeit, in der der Apparat durch die i-te Forderung und die ihr folgenden belegt ist, wird Belegungszeit ζ_i der i-ten Forderung genannt; da für die Exponentialverteilung (1.1.11) gilt, sind die ζ_i wie ζ verteilt und untereinander unabhängig. Neben der Arbeit des Modells M/G/1 werden nun zusätzlich „Katastrophen" betrachtet, die entsprechend einem Poissonschen Forderungenstrom mit der Intensität $s, 0 < s < \infty$ eintreffen. Die Wahrscheinlichkeit dafür, daß in einer Belegungszeit keine Katastrophe eintritt, ist gleich $\Pi^*(s)$.

Eine Forderung soll „schlecht" genannt werden, wenn in „ihrer" Belegungszeit eine Katastrophe eintritt. Die Wahrscheinlichkeit dafür, daß eine beliebige Forderung schlecht ist, ist gleich $1 - \Pi^*(s)$. Der Strom der schlechten Forderungen ist wiederum ein Poissonscher Forderungenstrom, seine Intensität ist gleich $\lambda\big(1 - \Pi^*(s)\big)$.

Offensichtlich ist die Wahrscheinlichkeit $\Pi^*(s)$, daß in einer Belegungszeit keine Katastrophe eintritt, gleich der Wahrscheinlichkeit dafür, daß während der Bedienung der 1. Forderung, die in der betrachteten Belegungszeit bedient wird, keine Katastrophe eintritt und keine schlechte Forderung ankommt. Diese ist gleich

$$\int_0^\infty e^{-\lambda(1-\Pi^*(s))t}\, e^{-st}\, dB(t) = B^*\big(s + \lambda - \lambda\Pi^*(s)\big),$$

womit sich (10.3.2) ergibt.

10.3. *Formeln für M/G/1-Systeme mit relativen Prioritäten*

Mit Hilfe der Methode der Zusatzereignisse wurden in [34] zahlreiche Bedienungssysteme mit Prioritäten (vgl. auch [39]) und u. a. folgendes System $\overline{M}_r$/G/1 untersucht. Zu einem Bedienungsgerät (Bedienungszeitverteilungsfunktion: $B(t)$) kommen r POISSONsche Forderungenströme $L_1, L_2, \ldots, L_r$ mit den Intensitäten $\lambda_1, \lambda_2, \ldots, \lambda_r$. Die Forderungen des Stromes L_i haben eine höhere Priorität als die von L_j, falls $i < j$, d. h., sie werden vor denen des Stromes L_j bedient, wobei allerdings keine Unterbrechungen von Bedienungen erfolgen. Der Warteraum vor dem Bedienungsapparat soll unbegrenzt sein.

Es existieren stationäre Verteilungen von Schlangenlänge und Wartezeit, wenn gilt, vgl. S. 139,

$$\varrho = \lambda m_B < 1, \qquad \lambda = \sum_{i=1}^{r} \lambda_i. \tag{10.3.1}$$

Die *mittlere Länge* m_{S_k} *der Warteschlange* von Forderungen des Stromes L_k, die sich im stationären Zustand im System befinden, ist gleich

$$m_{S_k} = \frac{\lambda\lambda_k(m_B{}^2 + \sigma_B{}^2)}{2(1 - \lambda^{(k)}m_B)\,(1 - \lambda^{(k-1)}m_B)}, \tag{10.3.2}$$

wobei

$$\lambda^{(k)} = \sum_{i=1}^{k} \lambda_i, \qquad k = 1, 2, \ldots, r, \qquad \lambda^{(0)} = 0.$$

Die *mittleren stationären Wartezeiten* m_{W_k} der Forderungen der Ströme L_k ergeben sich aus den m_{S_k} zu

$$m_{W_k} = \frac{m_{S_k}}{\lambda_k}. \tag{10.3.3}$$

11. Näherungsausdrücke und Abschätzungen in der Bedienungstheorie

11.0. Vorbemerkungen

Viele Systeme der Bedienungs- und Zuverlässigkeitstheorie sind so kompliziert, daß es mit analytischen Hilfsmitteln praktisch nicht möglich ist, die interessierenden

Systemkenngrößen exakt zu berechnen. Weil es nicht in jedem Fall zweckmäßig ist, auf die recht aufwendigen Simulationsverfahren zurückzugreifen, bemüht man sich seit längerer Zeit darum, Näherungsverfahren zu entwickeln und für besonders wichtige Modelle Näherungsformeln aufzustellen.

Gegenwärtig ist die Forschung auf diesem Gebiet noch in vollem Gange, zumal die meisten der bisher bekannten Näherungsformeln entweder noch sehr ungenau sind oder nicht streng mathematisch bewiesen werden konnten. Viele Näherungsformeln erhält man, indem man in komplizierten (exakten) Formeln Vereinfachungen oder Abschätzungen vornimmt; vgl. die Ableitung von (11.1.1) ausgehend von (11.1.2). Bei anderen Näherungen werden die zu untersuchenden Modelle durch einfachere approximiert (vgl. 11.2) oder Eigenschaften der sie beschreibenden Prozesse bei schwacher (vgl. 6.3) oder starker Belastung („heavy traffic"-Approximationen, vgl. [94]) ausgenutzt. Hier werden nur einige typische Beispiele behandelt; Ausführlicheres über Abschätzungen findet man u. a. in [85].

11.1. Abschätzungen für die mittlere Wartezeit im Modell GI/G/1

Für die *mittlere stationäre Wartezeit* m_W *eines Wartemodells* GI/G/1 gilt nach Kingman und Marshall folgende Ungleichung:

$$m_W \leqq \frac{\sigma_A^2 + \sigma_B^2}{2(m_A - m_B)}. \tag{11.1.1}$$

Beweis (vgl. [63, 75]): Es seien γ_n die Wartezeit der n-ten Forderung, δ_n die Differenz von n-ter Bedienungs- und n-ter Pausenzeit und

$$\omega_n = -\min\{0, \gamma_n + \delta_n\}.$$

Falls $\omega_n > 0$, ist ω_n die Untätigkeitszeit des Bedienungsapparates vor Ankunft der $(n+1)$-ten Forderung.

Beachtet man (9.1.1), d. h.

$$\gamma_{n+1} = \max\{0, \gamma_n + \delta_n\},$$

so erkennt man die Gültigkeit von

$$\gamma_{n+1} - \omega_n = \gamma_n + \delta_n.$$

(Im stationären Fall gilt also $\mathscr{E}\omega_n = -\mathscr{E}\delta_n = m_A - m_B$.)

Werden beide Seiten dieser Gleichung quadriert und die Erwartungswerte gebildet, so ergibt sich

$$\mathscr{E}\gamma_{n+1}^2 + \mathscr{E}\omega_n^2 = \mathscr{E}\gamma_n^2 + 2\mathscr{E}\gamma_n\mathscr{E}\delta_n + \mathscr{E}\delta_n^2,$$

wobei $\gamma_{n+1}\omega_n = 0$ und die Unabhängigkeit von δ_n und γ_n ausgenutzt werden. Es folgt für den stationären Fall ($\mathscr{E}\gamma_n^2 = \mathscr{E}\gamma_{n+1}^2$)

$$\mathscr{E}\gamma_n = \frac{\mathscr{E}\omega_n^2 - \mathscr{E}\delta_n^2}{2\,\mathscr{E}\delta_n} = \frac{\mathscr{E}\delta_n^2 - \mathscr{E}\omega_n^2}{2(m_A - m_B)}. \qquad (11.1.2)$$

Wegen $\mathscr{E}\delta_n^2 = \sigma_A^2 + m_A^2 + \sigma_B^2 + m_B^2 - 2m_Am_B$, $\mathscr{E}\omega_n^2 \geqq (\mathscr{E}\omega_n)^2$ und $\mathscr{E}\omega_n = m_A - m_B$ ergibt sich (11.1.1).

Verbesserungen der Schranke (11.1.1) findet man in [84] und [87]. Eine recht gute *untere Schranke für* m_W ist nach [63] die (eindeutig bestimmte) Lösung der Gleichung

$$x = \int_{-x}^{\infty} [1 - K(u)]\,du, \qquad (11.1.3)$$

wobei K die Verteilung der δ_n ist, vgl. S. 138.

Schließlich gilt nach [86]

$$m_W \geqq \frac{\sigma_B^2}{2(m_A - m_B)} - \frac{m_B}{2}. \qquad (11.1.4)$$

11.2. Abschätzung für Wartesysteme des Typs M/G/s

Die *mittlere stationäre Wartezeit* m_W *in* M/G/s (Intensität des Forderungenstromes: λ) genügt der Abschätzung

$$m_W \leqq \frac{m_B^2 + \sigma_B^2}{2s - 2\lambda m_B}. \qquad (11.2.1)$$

Um die Ungleichung (10.2.1) zu beweisen, wird das System M/G/s durch ein mathematisch einfacher zu behandelndes System vom Typ M/G/1 approximiert.

Beweis von (11.2.1) [84]: Mittels elementarer Schlüsse kann man zunächst folgende plausible Aussage beweisen: m_W ist nicht größer als die mittlere stationäre Wartezeit $m_W^{(1)}$ in einem Bedienungssystem mit den gleichen Verteilungsfunktionen, bei dem aber die zyklische Zuordnung anstelle der FIFO-Ordnung benutzt wird, d. h., die $(r \cdot s + k)$-te Forderung wird zum Bedienungsapparat Nr. k geschickt $(k = 1, 2, \ldots, s)$. $m_W^{(1)}$ ist gleich der mittleren stationären Wartezeit in einem System des Typs E_s/G/1 (gleiche Bedienungszeitverteilung wie im Ausgangssystem M/G/s, Pausenzeitverteilung = ERLANG-Verteilung vom Grade s). Mit Hilfe von Halbordnungsrelationen für Verteilungsfunktionen kann man zeigen, daß gilt

$$m_W^{(1)} \leqq \text{mittlere stationäre Wartezeit in M/G/1},$$

wobei in dem M/G/1-System die ursprüngliche Bedienungszeitverteilungsfunktion auftritt und die Intensität des Forderungenstromes gleich $\frac{\lambda}{s}$ ist.

Neben der Approximation mehrliniger Wartesysteme durch solche mit einem Bedienungsapparat ist die Approximation durch Systeme mit unendlich vielen Apparaten bedeutungsvoll. Letztere Systeme sind oft analytisch einfacher zu behandeln als Systeme mit endlich vielen Apparaten. Für Systeme des Typs M/G/∞ (Intensität des Forderungenstromes: λ, Bedienungszeitverteilung $B(t)$) gelten für die Wahrscheinlichkeit dafür, daß zur Zeit t (bei $t = 0$ soll das System leer sein) bzw. im stationären Zustand genau k Apparate besetzt sind, die Formeln

$$P_k(t) = \frac{\varrho(t)^k}{k!} e^{-\varrho(t)}, \tag{11.2.2}$$

$$P_k = \frac{\varrho^k}{k!} e^{-\varrho}, \quad k = 0, 1, 2, \ldots, \quad (\text{vgl. [5, 48, 77]}) \tag{11.2.3}$$

mit

$$\varrho(t) = \lambda \int_0^t [1 - B(x)]\,\mathrm{d}x,$$

$$\varrho = \lambda m_B.$$

Die P_k sind auch gleich den Wahrscheinlichkeiten dafür, daß eine im stationären Zustand eintreffende Forderung k besetzte Apparate vorfindet.

Für ein M/G/s-*Wartesystem* $(\lambda, B(t))$ gelten für die Wahrscheinlichkeiten $P_k(t)$ (= Wahrscheinlichkeit dafür, daß zur Zeit t k Forderungen im System sind) bzw. $P_k{}^0$ (= Wahrscheinlichkeit dafür, daß im stationären Zustand eine eintreffende Forderung k Forderungen im System vorfindet) die Ungleichungen

$$\sum_{k=n}^{\infty} P_k(t) \geqq \sum_{k=n}^{\infty} \frac{\varrho(t)^k}{k!}\,\mathrm{e}^{-\varrho(t)}, \qquad (11.2.4)$$

$$\sum_{k=n}^{\infty} P_k{}^0 \geqq \sum_{k=n}^{\infty} \frac{\varrho^k}{k!}\,\mathrm{e}^{-\varrho}, \quad n = 0, 1, 2, \ldots. \qquad (11.2.5)$$

Insbesondere genügt die *stationäre Wahrscheinlichkeit* p_W, *daß eine eintreffende Forderung warten muß*, der Ungleichung

$$p_W \geqq \sum_{k=s}^{\infty} \frac{\varrho^k}{k!}\,\mathrm{e}^{-\varrho}, \qquad (11.2.6)$$

weil p_W gleich der Wahrscheinlichkeit dafür ist, daß $s, s+1, \ldots$ Forderungen im System angetroffen werden. Für kleines ϱ ist (11.2.6) recht genau.

Beweis von (11.2.4): Es wird zu dem System M/G/s ein System M/G/∞ betrachtet, bei dem in genau den gleichen Zeitpunkten Forderungen mit genau den gleichen Bedienungszeiten eintreffen. Für alle Realisierungen und alle Zeitpunkte ist dann die Anzahl $\nu_t{}^{(s)}$ der im System M/G/s befindlichen Forderungen nicht kleiner als die Anzahl $\nu_t{}^\infty$ im System M/G/∞ $\nu_t{}^{(\infty)}$,

$$\nu_t{}^{(\infty)} \leqq \nu_t{}^{(s)}.$$

Hieraus folgt

$$\mathscr{P}(\nu_t^{(\infty)} \geqq n) \leqq \mathscr{P}(\nu_t^{(s)} \geqq n)$$

für alle n und (11.2.4). Analog kann (11.2.5) bewiesen werden.

Für die *mittlere stationäre Schlangenlänge* m_S gilt entsprechend

$$m_S \geqq \sum_{k=s+1}^{\infty} (k - s) \frac{\varrho^k}{k!} \mathrm{e}^{-\varrho} \tag{11.2.7}$$

und für die *mittlere stationäre Wartezeit* m_W (mittels (9.3.3))

$$m_W \geqq \lambda^{-1} \sum_{k=s+1}^{\infty} (k - s) \frac{\varrho^k}{k!} \mathrm{e}^{-\nu}. \tag{11.2.8}$$

Zur Abschätzung von m_W und p_W in M/G/s-Systemen können weiterhin die Werte für M/M/s- und M/D/s-Systeme in Tafel 1 und 2 dienen, vgl. [36].

12. Monte-Carlo-Simulationen in der Bedienungs- und Zuverlässigkeitstheorie

12.0. Vorbemerkungen

Die seit Ende der vierziger Jahre angewendete Monte-Carlo-Simulation ist eines der allgemeinsten Verfahren zur Untersuchung stochastischer Modelle, insbesondere der Bedienungs- und Zuverlässigkeitstheorie. Mit ihrer Hilfe können *nahezu alle Modelle* auch dann behandelt werden, wenn analytische Verfahren nicht anwendbar sind. Dabei wird das Verhalten des untersuchten Modells i. a. auf einem Digitalrechner nachgebildet, „simuliert", so daß Realisierungen der entsprechenden stochastischen Prozesse erzeugt werden. Diese werden *statistisch* ausgewertet, um zu Schätzwerten für die gesuchten Systemparameter zu gelangen.

Monte-Carlo-Simulationsverfahren auf Digitalrechnern erfordern oft einen erheblichen Programmier- und Rechenzeitaufwand. Zur Vereinfachung gibt es spezielle problemorientierte Programmiersprachen, sogenannte Simulationssprachen, z. B. GPSS, SIMDIS, Simscript.

Über Simulationsverfahren existiert eine umfangreiche Literatur [8, 9, 28, 35, 42, 59, 60, 64], es sind jedoch noch viele mit ihr zusammenhängende Fragen ungelöst, insbesondere solche, die mit der statistischen Auswertung der Ergebnisse und der optimalen Gestaltung der Programme zusammenhängen.

12.1. Grundgedanken der Simulation

12.1.1. Struktur von Simulationsprogrammen

Simulationsprogramme haben unabhängig von den untersuchten Problemen eine weitgehend *einheitliche Struktur.* (Daher war es auch möglich, Simulationssprachen zu entwickeln.) Im folgenden soll eine Variante des Aufbaus von Simulationsprogrammen (die „Parallelsimulation/Durchsuchungsmethode", vgl. [60]) kurz dargestellt werden, wobei die Beschreibung der Modelle ähnlich wie bei den allgemeinen Bedienungsschemata in Kap. 3 erfolgt.

In dem zu untersuchenden Modell seien n Objekte O_j, $j = 1, 2, \ldots, n$, (Bedienungsapparate, Quellen usw.) vorhanden. In jedem Zeitpunkt t befindet sich O_j in einem bestimmten *Objektzustand* $i_j(t)$, wobei $i_j(t)$ endlich viele verschiedene Werte annehmen kann. Sämtliche Objektzustände $i_j(t)$ bestimmen den *Systemgrobzustand* $g(t)$ zur Zeit t. Die Objektzustände sind entweder „aktiv" oder „passiv": Zur Charakterisierung des „Feinzustands" eines Objektes, das in einem aktiven Zustand ist, wird noch die Zeit $t_j(t)$ benötigt, nach der O_j von t ab gerechnet den Zustand $i_j(t)$ verläßt, die „Restzeit". Bei passiven Zuständen existiert keine Restzeit.

Beispiel: O_1 sei ein Bedienungsapparat, $i_1(t) = 0$: O_1 ist frei = passiver Zustand; $i_1(t) = 1$: O_1 ist besetzt = aktiver Zustand, $t_j(t)$ = Restbedienungszeit.

Mit wachsendem t verringern sich die $t_j(t)$ (wobei es vorkommen kann, daß zeitweilig Restzeiten nicht abgebaut werden), bis ein $t_j(t)$ gleich Null ist. Dann verändert sich i. a. der Zustand des zugehörigen Objektes und eventuell auch der anderer Objekte. Zugleich können „neue" Restzeiten entstehen (z. B. beim Bedienungsbeginn), die wiederum abgebaut werden usw.

Diesem Verhalten der Modelle sind die Simulationsprogramme anzupassen. Sie bestehen aus folgenden wesentlichen Teilen:

1. *Fixierung des Anfangszustandes*

Bestimmung oder Einlesen der Anfangs-Zustände und -Restzeiten $i_j(0)$ und $t_j(0)$, $j = 1, 2, \ldots, n$.

2. *Bestimmung des nächsten Sprungzeitpunktes*

Zur Zeit t sei das System durch die Größen $i_j(t)$ und $t_j(t)$ charakterisiert. Der nächste Sprung im System (= Ablaufen einer Restzeit) erfolgt zur Zeit $t + \Delta$, $\Delta = \min\limits_{(j)} t_j(t)$, wobei das Minimum nur über die Restzeiten zu nehmen ist, die im jeweiligen Zustand tatsächlich abgebaut werden. (Oft werden die Modelle „diskretisiert", so daß alle $t_j(t)$ Vielfache einer Zeiteinheit δ sind; dann wählt man zweckmäßigerweise $\Delta = \delta = \text{const.}$)

3. *Ermittlung der neuen Zustände nach dem Sprung*

Entsprechend den Eigenschaften des untersuchten Modells ist festzulegen, wie die neuen Objektzustände $i_j(t + \Delta)$ aussehen. Dieser Teil des Programms erfordert meist den größten Aufwand und ist sehr umfangreich.

4. *Erzeugung „neuer" Restzeiten*

Bei dem zur Zeit $t + \Delta$ stattfindenden Sprung können sich die Zustände derart verändern, daß bei gewissen

Objekten neue Restzeiten zu laufen beginnen. Diese Zeiten $t_j(t + \Delta)$ sind (im Original-Modell) Realisierungen der entsprechenden Zufallsgrößen (z. B. von Bedienungszeiten). Die Erzeugung derartiger Realisierungen (genauer: von Zahlen, die sich ähnlich verhalten) wird in 12.1.2 beschrieben.

5. *Erhöhung der Simulationszeit*

Die Zeit t heißt auch „Simulationszeit". Nach einem Sprung ist sie um Δ zu vergrößern, $t := t + \Delta$.

6. *Berechnung von „Resultatsgrößen"*

Das eigentliche Ziel der Simulation besteht darin, Schätzungen für Kenngrößen des Modells statistisch zu ermitteln. Um nicht die gesamte bei der Simulation erzeugte Realisierung speichern zu müssen, werden die Schätzwerte (bzw. zu ihrer Berechnung notwendige Größen) im Laufe der Simulation ermittelt.

Beispiele:

a) Schätzung einer mittleren Wartezeit m_W

Für jede Forderung, die im System warten muß, wird die Wartezeit einzeln ermittelt: Bei Beginn des Wartens wird die Wartezeit gleich Null gesetzt und nach jedem Sprungzeitpunkt vergrößert, bis die Bedienung beginnt. Die so ermittelte Wartezeit w_{n+1} der $(n+1)$-ten Forderung wird nach

$$\bar{w}_{n+1} = \frac{n\bar{w}_n + w_{n+1}}{n + 1}$$

mit dem Schätzwert $\bar{w}_n$ für m_W aus n Wartezeiten verknüpft, um einen neuen Schätzwert für m_W zu erhalten.

b) Schätzung der Wahrscheinlichkeit für das Auftreten eines bestimmten Zustandes g im stationären Zustand

Es wird die Gesamtzeit $T_g(t)$ ermittelt, während derer sich das System im Zeitintervall $[0, t]$ im Zustand g befand: Zur Zeit $t + \Delta$ ist zu prüfen, ob in $[t, t + \Delta]$ das System im Zustand g war. Ist das der Fall, so bildet man

$$T_g(t + \Delta) = T_g(t) + \Delta;$$

andernfalls

$$T_g(t + \Delta) = T_g(t).$$

7. *Prüfung, ob die Simulation beendet werden kann*

Kriterien: Erreichen einer vorgegebenen Simulationszeit, Bedienung einer vorgegebenen Zahl von Forderungen, Erreichen einer bestimmten Genauigkeit.

Falls die Simulation noch nicht beendet werden kann, folgt nun wieder 2.

Sehr häufig kann man sich die mühevolle Aufstellung von Simulationsprogrammen erleichtern, indem man *Simulationssprachen* benutzt. Diese sind z. T. so beschaffen, daß auch in der Programmierung Ungeübte mit ihrer Hilfe Simulationsprogramme aufstellen können. Um wenigstens einen Eindruck vom Aussehen eines in SIMDIS geschriebenen Programms zu vermitteln, ist in 12.3 für ein Beispiel ein derartiges Programm angegeben. Für die Anwendung von Simulationssprachen sind die jeweiligen Systemunterlagen heranzuziehen.

12.1.2. Erzeugung von Zufallszahlen

Während der Simulation stochastischer Modelle werden in großem Umfang Realisierungen derjenigen Zufallsgrößen benötigt, die das Verhalten der Systemelemente beschreiben (z. B. Bedienungs- und Pausenzeiten, Lebens- und Störungsdauern). Diese werden in der Regel ebenfalls im Rechenautomaten als sogenannte *Pseudo-Zufallszahlen* erzeugt. Die dazu verwendeten Algorithmen sind so konstruierbar, daß sich Folgen von Pseudo-Zufallszahlen statistisch sehr ähnlich wie die entsprechenden Folgen von Realisierungen verhalten; vgl. [8, 9, 42, 64].

Hier soll der Fall betrachtet werden, in dem Pseudo-Zufallszahlenfolgen zu Folgen unabhängiger, identisch verteilter Zufallsgrößen ξ_n erzeugt werden sollen. Die Verteilungsfunktion der ξ_n sei $F(t)$.

Im allgemeinen geschieht die Erzeugung derartiger Pseudo-Zufallszahlen in den folgenden zwei Schritten:

1. Schritt: Erzeugung von Pseudo-Zufallszahlen z_n,

die sich wie Folgen unabhängiger, auf [0, 1] gleichmäßig verteilter Zufallsgrößen ζ_n verhalten. Hierzu gibt es viele verschiedene Methoden. Als Beispiele seien genannt:

a) *Kongruenz-Methode:* $z_{n+1} = az_n + b \pmod{M}$. (12.1.1)
Beispiel: $z_{n+1} = (2^{11} + 1)\, z_n + 527 \cdot 2^{-28} \pmod{1}$. (12.1.2)

b) *Quadratmittenmethode:* z_{n+1} hat als Ziffern (in einem beliebigen Zahlensystem) die mittleren $2k$ Ziffern der $4k$-stelligen Zahl z_n^2.

2. Schritt: Transformation der z_n in Pseudo-Zufallszahlen x_n mit der Verteilungsfunktion F. Diese Transformation geschieht nach der Formel

$$x_n = F^{-1}(z_n), \tag{12.1.3}$$

F^{-1} = Umkehrfunktion zu F.

Ihr liegt folgende Aussage aus der Wahrscheinlichkeitsrechnung zugrunde: Wenn ζ_n eine auf [0, 1] gleichmäßig verteilte Zufallsgröße ist, so ist ξ_n,

$$\xi_n = F^{-1}(\zeta_n),$$

eine Zufallsgröße mit der Verteilungsfunktion F. In den Fällen, in denen F^{-1} eine günstige analytische Gestalt besitzt, kann (12.1.3) direkt benutzt werden.

Beispiel: $F(t) = 1 - e^{-\lambda t}$ (Exponentialverteilung)

$$F^{-1}(t) = -\lambda^{-1} \ln (1 - t), \quad 0 \leqq t < 1,$$

(12.1.3) nimmt also die spezielle Form an

$$x_n = -\lambda^{-1} \ln (1 - z_n). \tag{12.1.4}$$

Hat F eine kompliziertere Gestalt, so wird F häufig durch eine Treppenfunktion approximiert (auch die statistisch ermittelten Verteilungsfunktionen haben i. a. diese Gestalt), für die dann die Zufallszahlenerzeugung wie auf Abb. 9 geschieht. (Weitere Möglichkeiten werden in der einschlägigen Literatur beschrieben.)

Eine derartige Approximation ist in vielen Fällen durchaus gerechtfertigt, weil es sogenannte *Stabilitäts-*

sätze gibt, die besagen, daß sich bei geringen Veränderungen der das Verhalten der Systemelemente beschreibenden Verteilungsfunktionen auch die stationären Systemkenngrößen nur wenig verändern (vgl. [5, 6, 24, 95]). Die Approximation sollte dabei stets so erfolgen, daß F und die approximierende Treppenfunktion denselben Erwartungswert besitzen, weil sonst erhebliche Fehler auftreten können. (Man denke an Wartesysteme mit $\varrho \approx s$.)

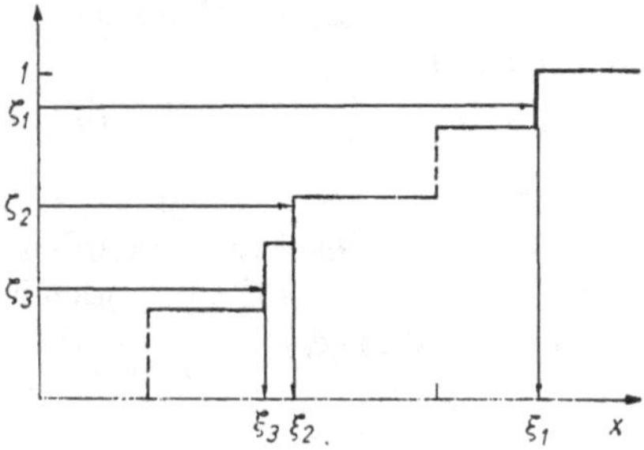

Abb. 9. Erzeugung von Zufallszahlen zu der Treppenfunktion F

12.2. Bemerkungen zur Genauigkeit von Simulationsergebnissen

Die statistische Auswertung von Simulationsergebnissen erfolgt nach denselben Prinzipien wie bei der Untersuchung stochastischer Prozesse allgemein. Man benutzt also als Schätzgrößen für Erwartungswerte empirische Mittelwerte, für Verteilungen, empirische Verteilungsfunktionen usw.

Die Bestimmung der Genauigkeit der erhaltenen Schätzwerte ist ein schwieriges Problem, weil die zu betrachtenden Zufallsgrößen (z. B. Folgen von Wartezeiten) meist korreliert sind und die zugehörigen Autokorrelationsfunktionen kaum bekannt sind. Man kennt sie gegenwärtig nur für relativ wenige Klassen stochastischer Prozesse der Bedienungstheorie; man weiß z. B., daß die Autokorrelationsfunktion der Wartezeiten in einem stationären GI/G/1-System monoton fallend ist [18]. Die Gestalt der Autokorrelationsfunktion beeinflußt aber die Genauigkeit von Schätzungen recht stark. Beispielsweise hat der Mittelwert $\bar{\gamma}$ von n aufeinander folgenden Wartezeiten $\gamma_1, \gamma_2, \ldots, \gamma_n$ bei großem n die Varianz

$$\mathscr{V}(\bar{\gamma}) \approx \frac{\sigma_W{}^2}{n}\left(1 + 2\sum_{r=1}^{\infty} \varrho_r\right), \qquad (12.2.1)$$

wobei $\sigma_W{}^2$ die Varianz der Wartezeiten und ϱ_r der Korrelationskoeffizient der k-ten und $(k+r)$-ten Wartezeit sind ($k = 1, 2, \ldots$). Dieser Wert kann wesentlich größer sein als der im Fall unabhängiger Zufallsgrößen auftretende Wert

$$\mathscr{V}(\bar{\gamma}) = \frac{1}{n}\,\sigma_W{}^2.$$

Eine verbreitete Methode (vgl. [58, 60]) zur Abschätzung der Genauigkeit von Simulationsergebnissen ist die sogenannte *Methode der Simulationsabschnitte.* Hierbei wird die Simulationszeit oder die Folge der untersuchten Größen (z. B. Wartezeiten) in N Teilabschnitte gleicher Länge oder Anzahl unterteilt. Für sämtliche Teilabschnitte werden jeweils für die Größen Ergebnisse ermittelt, die auch bei der Simulation über den Gesamtzeitraum gesucht sind, wie z. B. mittlere Schlangenlänge und Wartezeit. Die festgestellten Werte werden als Realisierungen N identisch verteilter, nicht korrelierter Zufallsgrößen aufgefaßt und statistisch so behandelt wie entsprechende Stichproben.

Insbesondere kann man bei großem N mit Hilfe der Normalverteilung Konfidenzintervalle für Erwartungswerte konstruieren.

Beispiel: Die mittlere stationäre Wartezeit m_W in einem Bedienungssystem ist zu schätzen. Dazu werden N Mittelwerte $w_1, w_2, \ldots, w_N$ von je K aufeinanderfolgenden Wartezeiten durch Simulation ermittelt. Für großes N und K gilt dann näherungsweise

$$\mathcal{P}\left(\overline{w} - \frac{s_W}{\sqrt{N}} t_{\alpha,N-1} < \mathcal{E}\gamma < \overline{w} - \frac{s_W}{\sqrt{N}} t_{\alpha,N-1}\right) = 1 - \alpha, \qquad (12.2.2)$$

$$\overline{w} = \frac{1}{N} \sum_{i=1}^{N} w_i; \qquad s_W{}^2 = \frac{1}{N-1} \sum_{i=1}^{N} (w_i - \overline{w})^2.$$

In [4, 88] werden statistische Probleme bei Simulationsrechnungen recht ausführlich diskutiert.

Neuere Verfahren (vgl. [16, 94]) bei der statistischen Auswertung von Simulationsergebnissen beruhen darauf, daß bei bielen Modellen *Erneuerungspunkte* auftreten (z. B. der, daß eine eintreffende Forderung das System leer vorfindet), nach denen das weitere Geschehen im System unabhängig von der Vergangenheit ist. Somit können bestimmte bei der Simulation betrachtete Zufallsgrößen als Summen unabhängiger Zufallsgrößen aufgefaßt und die für diese bekannten Sätze ausgenutzt werden. Schließlich seien Verfahren zur Erhöhung der Genauigkeit von Simulationsergebnissen durch *Varianzreduktion* erwähnt, über die man sich z. B. in [20, 35, 88, S. 149ff.] informieren kann.

12.3. Ein Beispiel — Simulation des Modells M/M/1

Für das Wartesystem M/M/1 mit den Parametern λ und μ ist die mittlere stationäre Wartezeit zu ermitteln.

Das zugehörige SIMDIS- bzw. GPSS-Programm zur Simulation von n Durchläufen lautet auszugsweise:

```
...

1 FUNCTION  RN 1, C 24

.0,0/.1,.104/.2,.222/.3,.355/.4,.501/.5,.69/.6,.915/.7,1.2/
.75,1.38/.8,1.6/.84,1.83/.88,2.12/.9,2.3/.92,2.52/.94,2.81/
```

.95,2.99/.96,3.2/.97,3.5/.98,3.9/.99,4.6/.995,5.3/.998,6.2/
.999,7/.9997,8

```
GENERATE    λ⁻¹   FN 1    n
QUEUE        1
SEIZE        1
DEPART       1
ADVANCE     μ⁻¹   FN 1
RELEASE      1
TABULATE    10
TERMINATE    1
...
```

Unter „1 FUNCTION RN 1, C 24" wird die Exponentialverteilung tabellarisch eingebracht (Funktionswert, Stützstelle); jede erzeugte Zufallszahl wird mit dem jeweils gültigen Parameter λ^{-1} bzw. μ^{-1} multipliziert.

Die Blöcke haben folgende Bedeutungen bzw. Aufgaben: GENERATE: Erzeugung von Forderungen mit exponentiell verteilten Abständen (Parameter: λ); QUEUE: Warten in der Schlange 1; SEIZE: Besetzung des Bedienungsapparates 1, wenn er frei ist; DEPART: Verlassen der Warteschlange 1, falls der Apparat besetzt wird; ADVANCE: Bedienung in exponentiell verteilter Zeit (Parameter: μ); RELEASE: Freigabe des Bedienungsapparates 1 nach erfolgter Bedienung; TABULATE: Tabellieren der Verweilzeit in Tabelle 10 (Wartezeiten werden mit Hilfe von ATABLE-Anweisungen ermittelt); TERMINATE: Beendigung des Durchlaufs der jeweiligen Forderung.

Für die Parameter $\lambda = 1$ und $\mu = 2$ — hier ist die mittlere stationäre Wartezeit m_W gleich 0,5 — wurden durch Simulation $n = 2000$ Wartezeiten bestimmt. Dabei war zu Beginn das System leer; während der Simulation trat das Ereignis, daß eine Forderung sofort bedient werden kann (dies ist ein Erneuerungspunkt), relativ gleichmäßig über die gesamte Simulation verteilt auf, so daß eine „Einschwingphase" nicht zu berücksichtigen war. Für die mittlere Wartezeit ergab sich aus 2000 Einzelwerten der Schätzwert $w = 0{,}463$; auf Abb. 10 sind die auflaufenden Mittelwerte in Abhängigkeit von der Anzahl der simulierten Wartezeiten dargestellt.

Die Genauigkeit dieses Schätzwertes soll mit Hilfe der Methode der Simulationsabschnitte bestimmt werden. Als Länge der Abschnitte wurde der Wert $K = 100$ gewählt. Hier ergab sich nämlich für den Korrelationskoeffizienten der Abschnittsmittelwerte w_i der Wert $-0{,}09$; für $K = 50$ lag noch eine nicht vernachlässigbare Korrelation vor (Korrelationskoeffizient: 0,23). Die Streuung $s_W{}^2$ ergab sich zu 0,034, so daß man nach (12.2.2) für m_W das Konfidenzintervall

$$\mathscr{P}(0{,}463 - 0{,}041\, t_{\alpha,19} \leqq m_W \leqq 0{,}463 + 0{,}041\, t_{\alpha,19}) = 1 - \alpha$$

erhält, für $\alpha = 0{,}05$ also ($t_{\alpha,19} = 2{,}093$)

$$\mathscr{P}(0{,}377 \leqq m_W \leqq 0{,}549) = 0{,}95.$$

In diesem Intervall ist der exakte Wert 0,5 auch tatsächlich enthalten.

Um zu zeigen, daß die bei dem großen Stichprobenumfang von $n = 2000$ relativ groß erscheinende Abweichung typisch ist, sollen die Streuungsverhältnisse der Zufallsgröße $\bar{\gamma}$,

$$\bar{\gamma} = \frac{1}{n} \sum_{i=1}^{n} \gamma_i, \qquad \gamma_i = \text{Wartezeit der } i\text{-ten Forderung},$$

abgeschätzt werden. Nach [38] ist $\bar{\gamma}$ asymptotisch normal verteilt und hat den Erwartungswert m_W. Die Varianz $\mathscr{V}(\bar{\gamma})$ kann nach (12.2.1) abgeschätzt werden. Dazu werden die Varianz der stationären Wartezeit $\sigma_W{}^2$ und die Summe $\sum_{r=1}^{\infty} \varrho_r$ der Korrelationskoeffizienten benötigt.

$\sigma_W{}^2$ ist nach (4.2.12) gleich 0,75 und die Reihe gleich 5,333, wobei die Formel

$$\sum_{r=1}^{\infty} \varrho_r = \frac{1+\varrho}{1-\varrho} + \frac{2\varrho(3-\varrho)}{(2-\varrho)(1-\varrho)^2}, \quad \varrho = \frac{\lambda}{\mu}, \quad \text{vgl. [17]} \tag{12.3.1}$$

benutzt wurde. Also gilt

$$\mathscr{V}(\bar{y}) \approx \frac{1}{2000}\, 0{,}75\,(1 + 2 \cdot 5{,}333) = 0{,}0044\,.$$

Geht man davon aus, daß $\bar{y}$ normal verteilt ist mit den Parametern $\mu = 0{,}5$ und $\sigma^2 = 0{,}0044$, so liegt der beobachtete Wert 0,463 noch innerhalb des Bereichs $\mu \pm \sigma$, weicht also vertretbar von 0,5 ab.

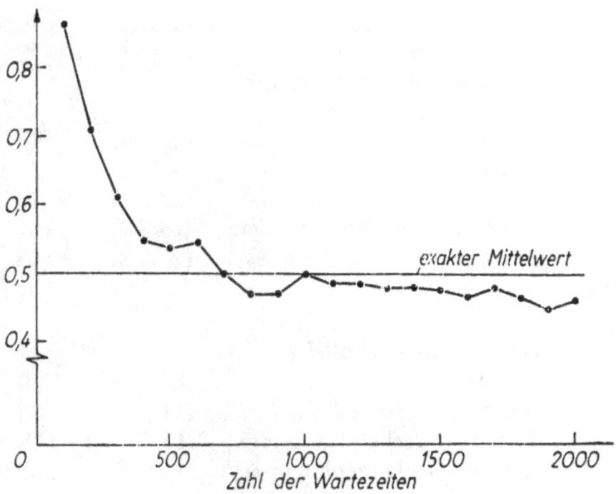

Abb. 10. **Auflaufende mittlere Wartezeiten bei einer M/M/1-Simulation**

Formeln für behandelte Bedienungs- und Zuverlässigkeitssysteme

System	Größe	Formel-Nr.	Seite
M/M/s	Anzahlwahrscheinlichkeiten P_i	(2.3.2)	52
	Wartezeitverteilung $W(t)$	(9.2.2)	143
	Wartewahrscheinlichkeit p_W	(9.2.3)	143
M/D/s	mittlere Wartezeit m_W	(9.2.4)	143
M/G/1	erzeugende Funktion der Anzahlverteilung $P^*(z)$	(4.2.7)	76
	mittlere Schlangenlänge m_S	(4.2.8)	77
	LAPLACE-STIELTJES-Transformierte der Wartezeit $W^*(s)$	(4.2.10)	78
	mittlere Wartezeit m_W	(4.2.11)	78
	Varianz der Wartezeit $\sigma_W{}^2$	(4.2.12)	78
	Momente der Belegungszeit	(10.2.4)	151
M/G/1 mit relativen Prioritäten	mittlere Schlangenlänge m_{S_k}	(10.3.2)	153
M/M/1/m	Anzahlwahrscheinlichkeiten P_i	(3.3.1)	70
M/G/s	mittlere Wartezeit m_W	(11.2.1)	155
	Wartewahrscheinlichkeit p_W	(11.2.8)	158
	mittlere Schlangenlänge m_S	(11.2.6)	157
M/G/s/0	Anzahlwahrscheinlichkeiten P_i	(5.2.25)	97
M/G/∞	Anzahlwahrscheinlichkeiten P_k, $P_k(t)$	(11.2.2) (11.2.3)	156
GI/M/1	Wartezeitverteilungsfunktion W	(9.1.8)	142
	mittlere Wartezeit m_W	(9.1.9)	142
G/M/1/0	Verlustwahrscheinlichkeit p_V	(8.2.2)	135

System	Größe	Formel-Nr.	Seite
Engsetsches Verlustsystem	Zustandswahrscheinlichkeiten P_g, P_r	(7.5.2) (7.5.3)	124
Palmsches Mehrmaschinenmodell	Zustandswahrscheinlichkeiten P_i	(4.2.22)	83
Doublierung und Erneuerung	mittlere Lebensdauer T	(8.2.3)	137

Tafel 1

Wartewahrscheinlichkeit p_w und mittlere Wartezeit/mittlere Bedienungszeit $\frac{m_w}{m_B}$ in Abhängigkeit von $\frac{\varrho}{s} = \frac{m_B}{s m_A}$ in M/D/s

$\frac{\varrho}{s}$	Anzahl der Apparate s 1	2	3	4	5	6	7	8	9	10
0,1	**0,100**	**0,018**	**0,004**	**0,000**	**0,000**	**0,000**	**0,000**	**0,000**	**0,000**	**0,000**
	0,056	0,006	0,001	0,000	0,000	0,000	0,000	0,000	0,000	0,000
0,2	**0,200**	**0,064**	**0,024**	**0,009**	**0,004**	**0,001**	**0,001**	**0,000**	**0,000**	**0,000**
	0,125	0,024	0,007	0,002	0,001	0,000	0,000	0,000	0,000	0,000
0,3	**0,300**	**0,134**	**0,067**	**0,035**	**0,019**	**0,011**	**0,006**	**0,003**	**0,002**	**0,001**
	0,214	0,055	0,020	0,009	0,004	0,002	0,001	0,001	0,000	0,000
0,4	**0,400**	**0,221**	**0,134**	**0,085**	**0,056**	**0,037**	**0,025**	**0,017**	**0,012**	**0,008**
	0,333	0,103	0,045	0,023	0,012	0,007	0,004	0,003	0,002	0,001
0,5	**0,500**	**0,323**	**0,225**	**0,163**	**0,121**	**0,092**	**0,070**	**0,054**	**0,042**	**0,033**
	0,500	0,177	0,087	0,050	0,031	0,020	0,014	0,009	0,007	0,005
0,6	**0,600**	**0,439**	**0,340**	**0,272**	**0,221**	**0,138**	**0,153**	**0,128**	**0,109**	**0,093**
	0,750	0,293	0,158	0,098	0,066	0,047	0,034	0,026	0,020	0,015
0,7	**0,700**	**0,565**	**0,476**	**0,410**	**0,358**	**0,316**	**0,282**	**0,252**	**0,226**	**0,204**
	1,167	0,494	0,286	0,190	0,136	0,102	0,079	0,063	0,051	0,042
0,8	**0,800**	**0,701**	**0,631**	**0,576**	**0,532**	**0,494**	**0,461**	**0,431**	**0,406**	**0,382**
	2,000	0,903	0,554	0,386	0,289	0,226	0,183	0,152	0,128	0,110
0,9	**0,900**	**0,847**	**0,808**	**0,776**	**0,748**	**0,724**	**0,702**	**0,682**	**0,664**	**0,647**
	4,500	2,014	1,289	0,934	0,724	0,585	0,489	0,416	0,361	0,318

Wartewahrscheinlichkeit p_w **und mittlere Wartezeit/mittlere Bedienungszeit** $\frac{m_w}{m_B}$ **in Abhängigkeit von** $\frac{\varrho}{s} = \frac{m_B}{s m_A}$ **in M/M/s**

$\frac{\varrho}{s}$	Anzahl der Apparate s									
	1	2	3	4	5	6	7	8	9	10
0,1	**0,100**	**0,018**	**0,004**	**0,001**	**0,000**	**0,000**	**0,000**	**0,000**	**0,000**	**0,000**
	0,110	0,010	0,001	0,000	0,000	0,000	0,000	0,000	0,000	0,000
0,2	**0,200**	**0,067**	**0,025**	**0,010**	**0,004**	**0,002**	**0,001**	**0,000**	**0,000**	**0,000**
	0,250	0,042	0,010	0,003	0,001	0,000	0,000	0,000	0,000	0,000
0,3	**0,300**	**0,138**	**0,070**	**0,037**	**0,020**	**0,011**	**0,006**	**0,004**	**0,002**	**0,001**
	0,428	0,099	0,033	0,013	0,006	0,003	0,001	0,001	0,000	0,000
0,4	**0,400**	**0,229**	**0,141**	**0,091**	**0,060**	**0,040**	**0,027**	**0,018**	**0,013**	**0,009**
	0,666	0,191	0,078	0,038	0,020	0,011	0,006	0,004	0,002	0,002
0,5	**0,500**	**0,333**	**0,237**	**0,174**	**0,130**	**0,099**	**0,076**	**0,059**	**0,046**	**0,036**
	1,000	0,333	0,158	0,087	0,052	0,033	0,022	0,015	0,010	0,007
0,6	**0,600**	**0,450**	**0,355**	**0,287**	**0,236**	**0,197**	**0,165**	**0,140**	**0,119**	**0,101**
	1,500	0,562	0,296	0,179	0,118	0,082	0,059	0,044	0,033	0,025
0,7	**0,700**	**0,577**	**0,492**	**0,429**	**0,378**	**0,336**	**0,301**	**0,271**	**0,245**	**0,222**
	2,333	0,961	0,547	0,357	0,252	0,187	0,143	0,113	0,091	0,074
0,8	**0,800**	**0,711**	**0,647**	**0,597**	**0,554**	**0,518**	**0,486**	**0,458**	**0,432**	**0,409**
	4,000	1,778	1,079	0,746	0,554	0,432	0,347	0,286	0,240	0,205
0,9	**0,900**	**0,853**	**0,817**	**0,788**	**0,763**	**0,740**	**0,720**	**0,702**	**0,685**	**0,669**
	9,000	4,263	0,274	1,969	1,525	1,234	1,029	0,877	0,761	0,669

Verzeichnis der verwendeten Symbole und Formelzeichen

$A(t)$ — Pausenzeitverteilungsfunktion
α_n — Pausenzeit zwischen n-ter und $(n+1)$-ter Forderung
A_g — Menge der Feinzustände mit dem Grobzustand g
$B(t)$ — Bedienungszeitverteilungsfunktion
β — Reparaturzeitparameter
β_n — Bedienungszeit der n-ten Forderung
C_j — Menge der aktiven Zustände des Objektes O_j
c_{jg} Geschwindigkeit des aktiven Zustandes i_j des Objektes O_j im Grobzustand g
D_j — Menge der passiven Zustände des Objektes O_j
Δt — kleine Zeiteinheit
δ_n $= \beta_n - \alpha_n$
$\mathscr{E}$ — Erwartungswert
E — Zustandsmenge
$\mathrm{e}\big((I_j)_{j \in J}\big)$ — Eigenschaft eines Bedienungsschemas, vgl. S. 113
$\mathrm{e}_1\big((I_j)_{j \in J}\big)$ — Eigenschaft eines Bedienungsschemas, vgl. S. 113
ε — kleine reelle Zahl
$F(t)$, $f(t)$ — Verteilungsfunktion, -dichte
$f_{i_j,j}(t)$ — Verteilungsdichte zu $\xi_{i_j,j}$
$F_{ij}(t)$ — Verteilungsfunktion der Verweilzeit im Zustand i, falls der Zustand j folgt (SMP)
$F_g(x, t)$ — Wahrscheinlichkeit, daß ein SLMP zur Zeit t im Grobzustand g ist mit Restzeiten kleiner x

$\bar{F}_g(\boldsymbol{x}, t)$ — Wahrscheinlichkeit, daß ein SLMP zur Zeit t im Grobzustand g ist mit Restzeiten größer $\boldsymbol{x}$

G — Menge aller Grobzustände

g, g_t — Grobzustand, ... zur Zeit t

$|g|, |g_t|$ — Anzahl der Zusatzvariablen im Zustand g, g_t

$G_{X,g}$ — Menge von Zuständen, vgl. S. 114

γ_n — Wartezeit der n-ten Forderung

$H_{gg'}$ — Verteilungsfunktion der „neuen" Restzeiten beim SLMP

$\bar{H}_{gg'}$ — vgl. S. 100

I_j — Menge der Objektzustände des Objektes O_j mit beliebig verteilter Lebensdauer

i_j — Objektzustand des Objektes O_j

(i_j) $= (i_j)_{j \in J}$

J — Menge der Indizes der Objekte O_j eines Bedienungsschemas

J_g — Menge der Indizes der aktiven Objekte im Grobzustand g

J_g' — Menge der Indizes der aktiven Objekte mit positiver Geschwindigkeit im Grobzustand g

K — Verteilungsfunktion von δ_n

λ — Parameter der Exponentialverteilung, — der POISSON-Verteilung, Intensität von Forderungenströmen

λ_i — Übergangsintensität für $i \to i + 1$ beim Geburts- und Todesprozeß

λ_g $= \sum_{g' \in G} \lambda_{gg'}$

$\lambda_{gg'}$ — Übergangsintensität für $g \to g'$ beim SLMP

n — Anzahl der Warteplätze

m_A — $\mathcal{E}\alpha_n$

m_B — $\mathcal{E}\beta_n$

m_F — Erwartungswert zu F

m_i — $\sum_{(j)} m_{ij} p_{ij}$

m_{ij}	—	Erwartungswert zu $F_{ij}(t)$
m_L	—	mittlere Anzahl der Forderungen im System
m_S	—	mittlere Länge der Warteschlange
m_W	—	mittlere stationäre Wartezeit
$\mathfrak{M}$	—	σ-Algebra von Teilmengen von E
μ	=	m_B^{-1}
μ_i	—	Übergangsintensität für $i \to i - 1$ beim Geburts- und Todesprozeß
ν_t	—	Anzahl zur Zeit t
O_j	—	Objekt Nr. j
$o(x)$	—	klein „o", vgl. S. 17
$\mathscr{P}$	—	Wahrscheinlichkeit
P	—	Verteilungsgesetz
P_g	—	stationäre Grobzustandswahrscheinlichkeit für den Grobzustand g
$p(g, s, g')$	—	Wahrscheinlichkeit für den Übergang $g \to g'$ beim sprungauslösenden Objekt O_s
P_i^0	—	Wahrscheinlichkeit, daß eine Forderung i andere im System antrifft, wenn sie ankommt
$\overline{P}_i$	—	Wahrscheinlichkeit, daß eine Forderung i andere im System zurückläßt, wenn sie abgeht
$P_i^{(0)}$	—	Wahrscheinlichkeiten zu einer Anfangsverteilung
P_i, P_j, P_k	—	stationäre Zustandswahrscheinlichkeiten, insbesondere dafür, daß i, j, k Forderungen im System sind
$P_i(t)$	—	Wahrscheinlichkeit, daß zur Zeit t der Zustand i vorliegt
p_{ij}	—	Wahrscheinlichkeit für den Übergang $i \to j$ in einem Schritt
$p_{ij}(t)$	—	Wahrscheinlichkeit für den Übergang $i \to j$ während eines Zeitintervalls der Länge t
p_V	—	Verlustwahrscheinlichkeit
p_W	—	Wartewahrscheinlichkeit
$P(x, t, A)$	—	Wahrscheinlichkeit für den Übergang

		$x \to A$ während eines Zeitintervalls der Länge t
$\mathfrak{P}(M)$	—	Menge aller Teilmengen von M
q_i, q_{ij}	—	(Übergangs)-Intensitäten, vgl. S. 25
$R(t)$	—	Reparaturzeitverteilungsfunktion
ϱ	=	$\lambda m_B = m_B m_A^{-1}$
$\varrho_{ij,j}$	=	$(\mathscr{E}\xi_{i_j,j})^{-1}$
s	—	Anzahl der Bedienungsapparate
SMP	—	semi-MARKOWscher Prozeß
SLMP	—	stückweise linearer MARKOWscher Prozeß
σ_A^2	=	$\mathscr{V}\alpha_n$
σ_B^2	=	$\mathscr{V}\beta_n$
σ_F^2	—	Varianz zu F
σ_W^2	—	Varianz der stationären Wartezeit
t_n	—	zufälliger Zeitpunkt
U_g	—	Menge der Indizes bestimmter aktiver Objekte, vgl. S. 113
$\mathscr{V}$	—	Varianz
W	—	stationäre Wartezeitverteilung
W_n	—	Wartezeitverteilung der n-ten Forderung
(ξ_n)	—	stochastischer Prozeß mit diskreter Zeit
(ξ_t)	—	stochastischer Prozeß mit kontinuierlicher Zeit
$\xi_{i_j,j}$	—	Arbeitsmenge (Lebensdauer) des aktiven Zustands i_j des Objektes O_j
ξ_t^k	—	k-te Zusatzvariable zur Zeit t
$\xi_{i_j,j}(t)$	—	Restarbeitsmenge (Restlebensdauer) von $\xi_{i_j,j}$ zum Zeitpunkt t
Z	—	Gleichungssystem, vgl. S. 64
Z′	—	Gleichungssystem, vgl. S. 114
ζ_n	—	durch MARKOWisierung entstandener Prozeß mit diskreter Zeit
ζ_t	—	durch MARKOWisierung entstandener Prozeß mit kontinuierlicher Zeit
$\wedge$	—	logisches „und"
P^*, F^*	—	erzeugende Funktion, LAPLACE-STIELTJES-Transformierte von P bzw. F
*	—	Faltungsoperationszeichen

Literaturverzeichnis

[1] Bašarin, G. P., Charkewič, A. D., Šneps, M. A., Башарин, Г. П., Харкевич, А. Д., Шнепс, М. А., Массовое обслуживание в телефонии, Наука, Москва 1968.

[2] Bašarin, G. P., Башарин, Г. П., Таблицы вероятностей и средних квадратических отклонений потерь на полнодоступном пучке линий, Изд. Ак. Наук СССР, Москва 1962.

[3] Beneš, V. E., General stochastic processes in the theory of queues, Addison-Wesley Publ. Comp., New York 1963.

[4] Blomquist, N., Estimation of waiting-time parameters in the GI/G/1 queueing system, Skand. Aktuar. Tidskr., No. 3—4, 178—197 (1968).

[5] Borowkow, A. A., Боровков, А. А., Вероятностные процессы в теории массового обслуживания, Наука, Москва 1972.

[6] Borowkow, A. A., Боровков, А. А., Теоремы непрерыв. ности для многоканальных систем с отказами, Теор-Вероятн. прим. 17, 458—467 (1972).

[7] Brodi, S. M., Pogosjan, I. A., Броди, С. М., Погосян, Й. А., Вложенные стохастические процессы в теории массового обслуживания, Наукова думка, Киев 1973.

[8] Buslenko, N. P., Schrejder, J. A., Die Monte-Carlo-Methode und ihre Verwirklichung auf elektronischen Digitalrechnern, Teubner, Leipzig 1964.

[9] Buslenko, N. P., Simulation von Produktionsprozessen, Teubner, Leipzig 1971.

[10] Chinčin, A. J., Хинчин, А. Я., Работы по математической теории массового обслуживания, Гос. изд. физ.-мат. литер., Москва 1963.

[11] Cinlar, E., Queues with semi-markovian arrivals, J. Appl. Prob. 4, 365—379 (1967).

[12] Cinlar, E., Time dependence of queues with semimarkovian services, J. Appl. Prob. 4, 356—364 (1967).

[13] COHEN, J. W., The single server queue, North Holland Publishing Company, Amsterdam/London 1969.

[14] COLLATZ, L., Numerische Behandlung von Differentialgleichungen, Springer-Verlag, Berlin/Göttingen/Heidelberg 1955.

[15] COX, D. R., Erneuerungstheorie, R. Oldenbourg Verlag, München/Wien 1966.

[16] CRANE, M. A., IGLEHART, D. L., Simulating stable stochastic systems I: General multi-server queues, J. Assoc. Comput. Mach. **21**, 103–113 (1974).

[17] DALEY, D. J., The serial correlation coefficients of waiting times in a stationary single server queue. J. Austral. Math. Soc. **8**, 683–699 (1968).

[18] DALEY, D. J., Stochastically monotone Markov chains. Z. Wahrscheinlichkeitstheorie verw. Geb. **10**, 305–317 (1969).

[19] DOOB, J. L., Stochastic processes, J. Wiley and Sons, New York/London/Sydney 1953.

[20] EHRENFIELD, S., BEN-TUVIA, S., The efficiency of statistical simulation procedures, Technometrics **4**, 257–275 (1962).

[21] FERSCHL, F., Zufallsabhängige Wirtschaftsprozesse, Physica-Verlag, Wien/Würzburg 1964.

[22] FISZ, M., Wahrscheinlichkeitsrechnung und Mathematische Statistik, Verlag der Wissenschaften, Berlin 1973.

[23] FRANKEN, P., Erlangsche Formeln für semimarkowschen Eingang, Elektron. Informationsverarb. Kyb. **4**, 197–204 (1968).

[24a] FRANKEN, P., Ein Stetigkeitssatz für Verlustsysteme, Operationsforsch. Math. Statist. Sb II, 9–23, Akademie-Verlag, Berlin 1970.

[24b] FRANKEN, P., STOYAN, D., Stabilitätssätze für eine Klasse homogener Markowscher Prozesse, Math. Nachr. **61**, 311 bis 316 (1974).

[25] FRANKEN, P., Approximation durch Poissonsche Prozesse, Math. Nachr. **26**, 101–114 (1963).

[26] FRANKEN, P., Anwendungen der zufälligen Punktprozesse in der Bedienungstheorie, Math. Nachr. (im Druck).

[27] GICHMAN, I. I., SKOROCHOD, A. V., ГИХМАН, И. И., СКОРОХОД, А. В., Теория сиучайних процессов, Наука, Москва 1971.

[28] GILOI, W., Simulation und Analyse stochastischer Vorgänge, Oldenbourg Verlag, München 1967.

[29] Gillert, H., Ein Erdogensatz für Markovsche Prozesse, Math. Nachr. **67**, 109–117 (1975).

[30] Gillert, H., Ein Beitrag zur Theorie der stückweise linearen Prozesse, Math. Nachr. (im Druck).

[31] Gnedenko, B. W., Lehrbuch der Wahrscheinlichkeitsrechnung, Akademie-Verlag, Berlin 1970.

[32] Gnedenko, B. W., Kowalenko, I. N., Einführung in die Bedienungstheorie, Akademie-Verlag, Berlin 1971, 1974.

[33] Gnedenko, B. W., Beljajew, J. K., Solowjew, A. D., Mathematische Methoden der Zuverlässigkeitstheorie, Akademie-Verlag, Berlin 1968.

[34] Gnedenko, B. W., Danieljan, E. A., Dimitrow, B. N., Klimow, G. P., Matwejew, W. F., Гнеденко, Б. В., Даниелян, Е. А., Димитров, Б. Н., Климов, Г. П., Матвеев, В. Ф., Приоритетные системы обслуживания, Изд. московск. Университета 1973.

[35] Hammersley, J. M., Handscomb, D. C., Monte Carlo methods, Methuen, London 1967.

[36] Hein, O., Wartezeiten für beliebige Bedienungszeiten, Angew. Informatik **15**, 281–289 (1973).

[37] Herrmann, U., Ein Approximationssatz für Verteilungen stationärer zufälliger Punktfolgen, Math. Nachr. **30**, 377–381 (1965).

[38] Iglehart, D. L., Functional limit theorems for the queue GI/G/1 in light traffic, Adv. Appl. Prob. **3**, 269–281 (1971).

[39] Jaiswal, N. K., Priority Queues, Acad. Press, New York 1968.

[40] Jansen, U. Bedienungsprozesse mit Geschwindigkeiten, Dissertation, Bergakademie Freiberg, 1974.

[41] Jansen, U., König, D., Invariante stationäre Zustandswahrscheinlichkeiten für eine Klasse stochastischer Modelle mit funktionellen Abhängigkeiten, Math. OF und Stat. (in Vorbereitung).

[42] Jermakow, S. M., Ермаков, С. М., Метод монте-Карло и смежные вопросы, изд. второе, Наука, Москва 1977, deutsche Übersetzung der 1. Ausgabe: VEB Deutscher Verlag der Wissensch., Berlin 1975.

[43] Johnson, N. L., A proof of Wald's theorem on cumulative sums, Ann. Math. Statist. **30**, 1245–1247 (1959).

[44] Kaufmann, A., Cruon, R., Les phénoménes d'attente, Dunod, Paris 1961.

[45] Kerstan, J., Matthes, K., Mecke, J., Unbegrenzt teilbare Punktprozesse, Akademie-Verlag, Berlin 1974.

[46] Kiefer, J., Wolfowitz, J., On the characteristics of the general queueing process with application to random walk, Ann. Math. Statist. **27**, 147—161 (1956).

[47] Kiefer, J., Wolfowitz, J., On the theory of queues with many servers, Trans. Amer. Math. Soc. **78**, 1—18 (1955).

[48] Klimow, G. P., Климов, Г. П., Стохастические системы обслуживания, Наука, Москва 1966.

[49] König, D., Verallgemeinerungen der Engsetschen Formel, Math. Nachr. **28**, 145—155 (1965).

[50] König, D., Anwendung von stochastischen Prozessen mit Geschwindigkeiten zur Untersuchung von Bedienungs- und Zuverlässigkeitsmodellen, Wiss. Zeitschrift der TH Magdeburg, Heft 4, 1974.

[51] König, D., Jansen, U., Stochastic processes and properties of invariance for queueing systems with speeds and temporary interruptions, Trans. Seventh Prague Conf. on Inf. Theory, Stat. Dec. Funct., Rand. Proc., Prague 1974 (im Druck).

[52] König, D., Jansen, U., Eine Invarianzeigenschaft zufälliger Bedienungsprozesse mit positiven Geschwindigkeiten, Math. Nachr. **70** (1976).

[53] König, D., Matthes, K., Nawrotzki, K., Verallgemeinerungen der Erlangschen und Engsetschen Formeln, Akademie-Verlag, Berlin 1967.

[54] König, D., Matthes, K., Nawrotzki, K., Unempfindlichkeitseigenschaften von Bedienungsprozessen, Anhang zu [32].

[55] Koroljuk, W. S., Королюк, В. С., Время пребывания полумарковского процесса в фиксированном множестве состояний, Украйнск. Матем. Журнал, **17**, No. 3, 123 bis 128 (1965).

[56] Koroljuk, W. S., Tomusjak, A. A., Королюк, В. С, Томусяк, А. А., Описание функционирования резервированных систем посредством полумарковских процессов, Кибернетика, 1965, No. 5, 55—59.

[57] Kowalenko, I. N., Коваленко, И. Н., Некоторые аналитические методы в теории массового обслуживания. Некоторые вопросы теории надежности сложных систем, Сб. ,,Кибернетику — на службу коммунизму'', Т. 2. Энергия, Москва—Ленинград 1964.

[58] KOSTEN, L., Stochastic theory of service systems, Pergamon Press, Oxford/New York/Toronto/Sydney/Braunschweig 1973.

[59] KOXHOLT, R., Die Simulation, ein Hilfsmittel der Unternehmensforschung, Oldenbourg Verlag, München 1967.

[60] KRAMPE, H., KUBÁT, J., RUNGE, W., Bedienungsmodelle, Verlag Die Wirtschaft, Berlin 1974.

[61] LAHRES, H., Einführung in die diskreten Markoff-Prozesse und ihre Anwendungen, Teubner, Leipzig 1964.

[62] LIFŠIZ, B. S., FIDLIN, J. W., Лифшиц, Б. С., Фидлин, Й. В., Системы массового обслуживания с конечном числом источников, Связь. Москва 1968.

[63] MARSHALL, K. T., Some inequalities in queueing, Opns. Res. **16**, 651–665 (1968).

[64] NAYLOR, T. H., BALINTFY, J. L., BURDICK, D. S., CHU, K., Computer simulation techniques, Wiley, New York/London/Sydney 1966.

[65] NEUTS, M. F., The single server queue with poisson input and semi-markov service times, J. Appl. Probab. **3**, 202–230 (1966).

[66] PAGE, E., Queueing Theory in OR, Butterworths, London 1972.

[67] PECK, L. G., HAZELWOOD, R. N., Finite queueing tables, Wiley, New York 1958.

[68] PRABHU, N. U., Queues and inventories, Wiley, New York/London/Sydney 1965.

[69] PYKE, R., Markov renewal processes: definitions and preliminary properties, Ann. Math. Stat. **32**, 1231–1242 (1961).

[70] PYKE, R., Markov renewal processes with finitely many states, Ann. Math. Stat. **32**, 1243–1259 (1961).

[71] RENYI, A., Wahrscheinlichkeitsrechnung, Verlag der Wissenschaften, Berlin 1972.

[72] RIORDAN, J., Stochastic service systems, Wiley, New York 1962.

[73] ROGOZIN, B. A., Рогозин, Б. А., Некоторые экстремальные задачи в теории массового обслуживания, Теор. Вероятн. прим. **11**, 161–169 (1966).

[74] ROSENBERG, W. J., PROCHOROW, A. I., Einführung in die Bedienungstheorie, Teubner, Leipzig 1964.

[75] ROSSBERG, H.-J., Bemerkungen zu einer Arbeit von K. T. Marshall über das Wartemodell GI/G/1, Z. angew. Math. Mech. **50**, 423 (1970).

[76] Rossberg, H.-J., Siegel, G., The GI/G/1 model with warming-up time, Zastos. Mat. **14**, 17—30 (1974).

[77] Saaty, T. L., Elements of queueing theory, McGraw Hill, New York/Toronto/London 1961.

[78] Schassberger, R., Warteschlangen, Springer-Verlag, Wien/New York 1973.

[79] Schmidt, G., Über die Stabilität des einfachen Bedienungskanals, Lecture Notes in Economics and Mathematical Systems **97**, Springer-Verlag Berlin/Heidelberg/New York 1974.

[80] Sewastjanow, B. A., Севастьянов, Б. А., Предельная теорема для марковских процессов, Теор. Вероятн. прим. **2**, 106—116 (1957).

[81] Spitzer, F., Principles of random walk, Princeton New Yersey, Toronto/New York/London 1964.

[82] Störmer, H., Semi-Markoff-Prozesse mit endlich vielen Zuständen. Theorie und Anwendungen, Lect. Notes in O.R. **34**, Springer-Verlag Berlin/Heidelberg/New York 1970.

[83] Stoyan, D., Ein Iterationsverfahren zur numerischen Auflösung von Gleichungssystemen ..., Z. angew. Math. Mech. **49**, 77—82 (1969).

[84] Stoyan, D., Some bounds for many-server systems GI/G/s, Math. OF und Stat. **5**, 117—129 (1974).

[85] Stoyan, D., Qualitative Eigenschaften und Abschätzungen stochastischer Modelle, Akademie-Verlag, Berlin 1976.

[86] Stoyan, D. und H., Штойян, Д. и Х., Оценки среднего времени ожидания в однолинейных системах массового обслуживания, Изв. АН СССР, Техн. Киб. 1974, 6.

[87] Stoyan, D. und H., Some qualitative properties of single server queues, Math. Nachr. (im Druck).

[88] Šneps, M. A., Шнепс, М. А., Численные методы теории телетрафика, Связь, Москва 1974.

[89] Suzuki, T., Table for waiting system with full availability, Tokio 1959.

[90] — Table of the Erlang loss formula, Stockholm 1954.

[91] Takacs, L., Introduction to the theory of queues, Oxford University Press, Oxford 1962.

[92] Takacs, L., Combinatorical methods in the theory of stochastic processes, Wiley, New York/London/Sydney 1967.

[93] Tien, T. M., Verallgemeinerte stückweise lineare Markowsche Prozesse für die Bedienungs- und Zuverlässigkeitstheorie, Math. OF und Stat. (im Druck).

[94] Whitt, W., Heavy traffic limit theorems for queues: a survey. In: Mathematical methods in queueing theory, Lecture Notes in Economics and Math. Systems **98**, Springer-Verlag, Berlin/Heidelberg/New York 1974.

[95] Whitt, W., The continuity of queues, Adv. Appl. Prob. **6**, 175–183 (1974).

Sachverzeichnis

Die Autoren

- legen wesentliche „klassische“ und neuere mathematische Methoden, insbesondere auch Näherungsverfahren und -formeln sowie Abschätzungen, zur Behandlung von Bedienungsmodellen und auch bestimmter Zuverlässigkeitsmodelle dar

- führen zu den einzelnen Methoden ausführliche Beispiele vor, so daß wichtige Klassen von Bedienungsmodellen repräsentativ erfaßt werden

- wenden sich an Mathematiker, Ingenieure, Ökonomen und weitere Anwender der Bedienungstheorie in verschiedenen Gebieten der Naturwissenschaft, Technik, Betriebs- und Volkswirtschaftsorganisation, Transport-, Verkehrs-, Gesundheits- und Militärwesen

WISSENSCHAFTLICHE TASCHENBÜCHER

FSC
www.fsc.org
MIX
Papier | Fördert gute Waldnutzung
FSC® C083411

Zeitfracht Medien GmbH
Ferdinand-Jühlke-Straße 7
99095 Erfurt, Deutschland
produktsicherheit@kolibri360.de